JOY

享受阅读一本好书的乐趣

Never underestimate your power
to change yourself!

永远不要低估你改变自我的能力！

留学省钱秘笈

一名中国大学生的历练感悟

陶威展　金跃军◎著

清华大学出版社
北　京

图书在版编目 (CIP) 数据

留学省钱秘笈：一名中国大学生的历练感悟 / 陶威展，金跃军 著.
—北京：清华大学出版社，2014.4

ISBN 978-7-302-35280-8

Ⅰ.①留… Ⅱ.①陶… ②金… Ⅲ.①留学生—财务管理 Ⅳ.① TS976.15

中国版本图书馆CIP数据核字(2014)第016157号

责任编辑：胡雁翎
封面设计：邵建文
版式设计：思创景点
责任校对：曹 阳
责任印制：刘海龙

出版发行：清华大学出版社
网 址：http://www.tup.com.cn，http://www.wqbook.com
地 址：北京清华大学学研大厦 A 座 邮 编：100084
社总机：010-62770175 邮 购：010-62786544
投稿与读者服务：010-62776969，c-service@tup.tsinghua.edu.cn
质 量 反 馈：010-62772015，zhiliang@tup.tsinghua.edu.cn
印 装 者：三河市金元印装有限公司
经 销：全国新华书店
开 本：170mm×240mm 印 张：12 插 页：1 字 数：105 千字
版 次：2014 年 4 月第 1 版 印 次：2014 年 4 月第1次印刷
定 价：32.00 元

产品编号：057375-01

序　言

出国留学已经成为很多家长为孩子设计的成功道路之一，很多正在读初中和高中的孩子，即将面临对国外中学、国外大学的选择。留学作为一种高回报预期的投资，同样需要正确的理财理念与技巧，这不但能培养孩子的理财习惯，而且能从珍惜每一分钱的过程中，体味父母赚钱的艰辛，增进与父母之间的感情。尤其是钱应该如何使用，以及用何种方式才最能把每分钱的价值体现出来。

关于留学方面的书虽然已有不少，但大多是介绍如何申请学校、如何办理签证等偏向于手续办理类的指导书籍。本书则侧重于介绍出国前后中国学生将要面临的学习和生活中的实际问题。通过作者讲述自己的亲身经历，生动自然地展现其遇到的各种问题及解决办法，使读者在受益的同时，犹如找到一位良师益友，其理念易为读者理解，并能引起读者的共鸣。

本书作者在国外留学多年，对中国留学生孤身在外、无处求助的处境深有感触，于是将自己通过摸索和实践积累而成的学习及生活经验与大家分享，以期后来者能少走弯路，顺利完成留学大计。

本书用真实的故事再现了作者的留学历程。通过阅读本书能让你了解中国留学生们是通过什么方式、什么途径来理财的。书中涉及留学前的资金准备、学校选择、国家和地区的选择等，方方面面都有理财的概念存在。例如银行开户、信用卡的办理、在国外学习时间长短的把握、在考试科目的选择中单选与多选的把握、奖学金的申请方法与技巧等，都将会带给你无限的启发，帮助你在资金有限的情况下顺利完成学业。本书旨在通过作者的亲身经历，能给读者带来更多与自身发展有关的发展观念与理财理念。

本书语言风格纯朴自然、轻松幽默，是一名中国留学生与准留学生及其家长们的真诚交流，内容真实、表述直白，所以更易于与即将奔赴留学之旅的同学们及其家长产生共鸣，能够真正起到指导性的作用。

最后需提醒朋友们的是，不同时期各国的留学政策都会有所不同，与留学相关的费用状况也会随之发生变化。人与人的不同，国与国的差异，学校与学校之间的差别，各专业的要求也都会不同，无论在哪一方面，只要是涉及资金的环节，都需要用发展的眼光去看待，书中作者本人的留学省钱经验，仅为个人的真实经历，只可借鉴不可盲目模仿。

本书除封面署名的作者外，参与本书编写工作的人员还包括：李鑫、刘作越、马海峰、宋华、陶也、王帅、王云强、吴春雷、杨忠、吴丹等。如有不当和错误之处，恳请读者多提宝贵意见，以备今后进一步修改完善。

陶威展　金跃军

2014 年 3 月

目　录

第一章
踏上留学之旅

小时候，总希望自己长大后能够到北京天安门广场去看升国旗；上中学后，反倒对国际新闻中提到的海外生活产生了浓厚的兴趣；上大学时，听别人聊起在国外留学读书的情形，我全身的血液顿时便会沸腾起来。等到时机成熟后，我便跃跃欲试地着手申请留学事宜了。

第二章
初到国外的人生

对于那些身在异国他乡的留学生而言，房子意味着是一个驿站、一个落脚点、一个必定要在那里度过大部分时光的空间、一个反复上演吃喝拉撒睡“生活情景剧”的舞台、一个为自己的前途与命运未雨绸缪的“革命根据地”。

第三章
开始学习生活

正式上课后，是让人激动的特殊时刻。一方面意味着我的留学生涯表开始计时了，另一方面为自己是否能在异国他乡，以非汉语教学的方式进行学习而感到忐忑不安。

值得肯定的是，国外的教学氛围明显不同于国内，它更加轻松、自由和民主。

第四章
课堂外的五彩世界

事实证明，有一些海外华人在利益面前也会坑骗自己的同胞，而在异国他乡的学子们，则要保护好自己的财产，提高自己的判断力，不要轻信他人。

第五章

穷游寻萧洒，省钱是王道

“要么旅行，要么读书，身体和灵魂，必须有一个在路上。”

旅游，最重要的就是要放松、要开心，放下所有的心事，那样才能真正达到旅游的目的。

在国内我积累了丰富的旅游经验，如今纵然是囊中羞涩，也能在国外玩转旅游，将“省钱才是硬道理”这一真理发挥到极致。

尾 声

当我们在国内时，似乎任何困难都难不倒我们，因为我们占有天时、地利、人和的优势，而当我们身处国外却如同身处一场无形的战争中，总是需要不断的奋斗，才能突破重重危机。

当面对挫折时，只要我们能够巧妙地运用自己的勇气和智慧去突围，总有一天我们会破茧而出，成就青春的梦想！

第一章 踏上留学之旅

万里长征第一步

小时候，总希望自己长大后能够到北京天安门广场去看升国旗，对于一名生长在远离一线城市的普通家庭的孩子来说，这似乎是那个时代最美好的梦想。

上中学时，常在新闻联播中看到天安门广场上的升旗仪式，看多了之后对其的好奇感锐减，反倒对国际新闻中提到的海外生活产生了浓厚的兴趣。

上大学时，听同学聊起他们的哥哥或姐姐在国外留学读书的事儿，忽然感觉这样的梦想之光瞬间便会在自己的心灵深处闪亮，那个似乎遥不可及的梦想之光，霎时间会使我全身的血液沸腾起来。

正在做梦的档儿，转眼就要大学毕业了，于是我这颗萌动的“春心”也开始发芽了。经过一番深思熟虑后，我决定出国留学。选择了一个合适的时机，我便开始跃跃欲试地着手申请留学的事儿。

想法是伟大的，但是人家愿不愿意接收咱还要另说。于是申请学校便成了申请出国留学这万里长征的第一步，能否走对这第一步直接关系到整个申请过程是否顺利。

留学有公费的，也有自费的。公费留学一般是由国内的教育部提供留学基金，经过多方打听，我才知道公费留学需要先去教育部申请，选上之后会直接给你一笔钱，有人给咱出钱读书当然是再好不过了；另外一种就是交换留学生中的公费留学，通常期限是一年，到对方国家留学不用再交学费，每个月还会给你一定的生活费，但是国内的学费你要交，而且通常在你出国之前都会要求你交一万多元的交流金。

公费留学的名额自然是少之又少，一所大学里没有几名公费留学生的名额，简直就是凤毛麟角。尽管俺的学习成绩是不错的，但既不是凤毛，又不是麟角，因此想要申请公费留学还是不太容易的。况且公费留学的限制较多，学校也是相对固定的，像我这种自由惯了的人更想找个自己喜欢的学校和专业去读，所以还是自费留学比较适合我，既自在，又轻松。

确定了自费留学后，我便考虑选择什么样的学校了。选择一所好学校和一个好的专业，对于留学生而言是非常重要的。这不但关系到能否省钱的问题，而且还关系到你未来的发展方向，但选择国外的学校毕竟是件伤脑筋的事。国外的学校那么多，选高了怕申请不到，选低了自己又不甘心，真是一件煞费脑细胞的事情。

当时，我想起了一位在美国留学的学长，经过多方打听，终于跟他联络上了。我把我的想法告诉他后，他真诚地对我说："你真是找对人了，首先，选择学校和专业不是非要选择名牌大学和热门专业，而是一定要选择适合自己的学校和专业……"这位热心的学长，毫无保留的给我讲了他的留学真经。

学长说："留学一定要选择正规的留学院校，你可以登录教育部教育涉外监管信息网查询权威信息。该信息网不但可以查询33个国家的学校信息，而且还发布了很多留学预警，这些信息都非常有用。你还可以咨询各国驻华的使馆，如果你有亲戚朋友在国外，还可以通过他们了解学校的办学资质、教育水平等相关信息。

选择国外学校最简洁的方法就是利用排名表。你手上一定要有一份专业排名和一份综合排名表。可能有人会说排名并非绝对靠谱儿，还有很多因素要考虑。的确如此，排名并不是绝对的，但是由于中国学生所了解的国外学校并不多，如果能从排名入手，那绝对是一条捷径。"

"可是，综合排名和专业排名哪个更重要呢？"我必须向这位学长阐述我的顾虑。

"这点是很多人担心的问题，且听我细细道来……"学长耐心地给我讲解了一番。

原来所谓的综合排名是以学术竞争力、学术素质、科研水平与普遍社会认可度等内容的综合指标为依据的；而专业排名则代表了这所学校在某一领域的竞争能力。如果你只是想读完硕士就去找工作，最好参考综合排名。因为学校被认可的程度对你寻找工作的影响很大，毕业于综合排名靠前的学校有利于你今后找工作。如果你只是一心搞科研，想走研究之路，或者将来想当一名大学教授，那么你就要把专业排名当做重点。但是想搞科研或安心当一位大学教授的学生毕竟是少数，更多人会以养家糊口或发展事业为主要目标，因此大多数留学生注重的是综合排名。

除此之外，大学的成立年份、教师与学生人数、图书馆藏书量、大学出版物及其杰出课程也能说明学校的实力。当然一些细节问题也需要了解，比如学校的入学要求、录取标准、竞争情况及申请的截止日期等；同时你还要结合个人情况、学校的地理位置、消费高低等因素，进行综合考虑。

当你把大方向确定好后，你可以在网上查询相关大学的详细情况。一般来说，网上的资料更新最快，也最全面。当你掌握了这些资料后，还要对其进行综合分析。一般来说，你申请的专业最好是该学校发展实力较强的专业，只有在这样的学校里研究该专业的教授才会比较多，所招的学生也会比较多，对你而言机会也会更多。你也可以通过该学校的网站了解详细的信息，搜索一下中国学生的就读情况，如果中国学生比较多，说明中国学生拿奖学金的可能性较大。

国外的学校也有好坏之分，并不是每一所学校都是值得信赖的，你需要睁开你的慧眼仔细甄别。一般来说，公立学校还是很可靠的，有些私立学校非常有名，但也有些私立学校存在着各种“猫腻”，需要你谨慎选择。那些声誉比较好的学校，还是比较值得信赖的。在选择时，你最好选择办学实力和水平被社会公认的学校，其所颁发的学历、学位证书是否是经过所在国政府教育主管部门或其授权的权威机构承认或注册的。

如果你想更省钱，还可以选择一些社区大学。我的这位学长，当初是因为他家的条件一般，所以他选择的是美国社区大学。美国社区大学是政府资助的公立大学、两年制教育，如同中国的一些大专院校。但它的好处在于你在该校通过两年的学习后可以再转入一所四年制的大学完成后两年的学习。一般来说，这种两年制大学的入学要求不是很高，学费相对而言也比较便宜，从社区大学毕业后如果你想继续就读四年制大学，其学分可以在四年制大学的学位课程中得到承认。这样的大学对于那些家庭条件一般，且又迫切想留学的学生而言，无疑是最好的选择，但这样的学校不是每个国家都有的。在选择这类学校之前，你需查询所选择的社区大学是否已通过了中国教育部的认证，还要注意所选择的社区大学与哪些大学有对接协议，以便毕业后可转入四年制大学继续深造。

因为选学校是申请留学的第一步，也是非常关键的一步，所以作为过来人有必要在这里多啰嗦几句，送诸位学弟学妹们一句话："知识用时方恨少，经历事非不知难。"

选专业如同选对象

定好学校后，就是如何选择专业的问题了。一般来说，应该在选择学校的同时把专业也定下来。

很多留学生在留学前所面临的第一大难题，便是专业的选择。有的学生可能会为自己的兴趣而奋不顾身，也有的学生可能会像蜘蛛侠一样搜集大量的资料。但是无论如何选择，你若没有坚定的信念，那么选专业对于你来说肯定是个相当头疼的问题。

这就如同选对象一样，丑的、俊的；有工作的、没工作的；家庭条件好的、家庭条件差的；诸多因素你都要考虑。稍有差池，你就得和他(她)过一辈子。虽然说打也是过，骂也是过，但都不如舒舒服服地过来得好。

那么，面对学校里形形色色的专业，你该选择什么样的专业进行学习呢？你是想在原有的基础上更上一层楼，还是另辟新天地呢？我学长的建议是：选择专业一定要结合自己的兴趣，但也应综合就业市场的发展前景。我因为之前学的是财务专业，所以我的首选仍是这个专业。就如同找对象也要找个熟识的、谈得来的不是吗？

对于很多中国留学生而言，他们最初往往都会对选择什么专业感到困惑。我个人认为，你在留学前先要确定你的留学目的，是为了继续深造，在自己所学的领域有所发展呢？还是为了通过留学达到移民的目的呢？你都要提前考虑清楚。

在此我有以下三点建议，以供朋友们参考。

第一，选择你感兴趣的专业能让你更有激情。

正如之前所述的选择专业就如同找对象，如果你刚开始和对方接触时感觉就很别扭，那么你又如何能忍受长久的“未来”呢？因此，你在选择专业时一定要选择自己感兴趣的专业，还要具备相关专业的基础知识。无论所谓的热门专业的就业前景有多好，你只有读完该专业才是最有意义的。

我不太建议你留学时选择一个和自己所学的专业完全不相关的专业，这样无论是从你的学习难度来考虑，还是从毕业后找工作的角度而言，都不是最佳的选择。除非你自己的态度非常坚决——之前所学的专业并不是你真正感兴趣的，将来也不想从事与该专业相关的工作。

第二，你必须要了解自己所选专业的就业前景和就业优势。

很多人在选择专业时，仅从将来好就业的角度来选择所谓的“热门”专业。实际上等你真正毕业时，会发现自己很难找到这方面的工作。为什么呢？原因之一是热门专业的就业大门早已被人挤垮了，原因之二是前两年看似热门的专业，过两年就有可能成为冷门专业。

因此，你在选择专业时，一定要了解该专业的过去、现在及未来的发展情况，这样你才有可能找到自己一辈子热爱的事业，以及避开那些人人打破脑袋都想进入的所谓的热门行业。

第三，别忘了那句古老的格言——不要把鸡蛋都放在同一个篮子里。

一些国外大学有这样一种优势，如果你还没有决定学什么专业，那也没关系，最晚你可以在读大三前再决定自己所要学的专业。如果你一直犹豫不定，那么你可以考虑学双专业，一个主修、一个辅修。你大可不必为犹豫的自己匆忙做决定，当你想好了所要学习的专业后，你还可以从双专业转回你最喜欢的那个专业继续深造。

切记在一些关键问题的抉择中不要犹豫，毕竟犹豫不决会严重影响你对未来的判断。

在定好学校和专业后，你就可以开始申请学校了……

留学申请手续没那么复杂

对于大多数学生而言，可能之前从没有机会去国外，显然在潜意识里会把留学申请看得无比复杂。我也不例外，就好像去买全聚德烤鸭，得排队一样！何况家境并不富裕的我，同样不能过多的得到家人在经济上的支持。因此，我的出国梦想似乎显得有些不切实际，在各方面的准备中显得既尴尬又疲惫，好像是只被关在笼子里的兔子——乱碰乱撞。毕竟，现实的经济条件让我连选择一家合适的留学中介都觉得是十分奢侈的事情。

家庭条件不是太差的学生，完全可以找一家服务信誉较好的留学中介代办申请事宜，那种盲人摸象的办事方法的确会让我们浪费许多宝贵时间。如果你已经对出国留学事宜有所了解，那么完全可以亲自操作，因为它本身也是值得我们自己去努力完成的事情，毕竟能从中省下很多的中介费用。

我当时是通过已出国的同学提前把一些留学申请材料呈交给要申请的几所学校。当然，名气越大的学校审核越严格，能不能通过申请，要看你的资历。相对而言我是比较幸运的，在朋友帮忙申请的几所大学中，很快就有一所大学录取了我。当我收到学校寄来的录取通知书时，甭提多激动了，恨不得叫上所有的朋友去大吃一顿。

各国大学的申请材料虽然不同，但万变不离其宗，签证材料基本相似，我们只需按照基本要求去准备就可以了。要注意的是，申请材料与下一步递交给使馆签证官的材料是有所不同的。另外，申请读本科与申请读硕士、博士的申请材料，也会有所不同。我大致记得申请材料中，主要有成绩单、大学毕业照、外语考试成绩、个人陈述信、获奖证明、推荐信等，具体材料只要稍加咨询即可了解。只是各项具体内容会因去哪国留学而有所不同。

记得我有位同学申请去澳大利亚的某校，而他提供的外语成绩单却是托福而非雅思的A类考试成绩单，结果令他十分郁闷。

此外需注重个人陈述信，在中国时大家都有同感，好不容易有个往自己脸上贴金的机会了，谁都希望把能修饰淘米水的词汇一并用上。你若果真如此操作，那可就大错特错了。千万要记住，自传体的自我介绍一定要语言干净利落，描述得当且有理有据，万不可因急于求成而滥用各种套话。

我记得自己当时在申请时还要求做了涉外公证，是附英文翻译的那种，每份材料约两百多元钱，需根据相应的要求而定，需多准备几份公证材料，这是没法省掉的开销。涉外公证通常会随着行情而有所变化，只需提前打听清楚就可以了。

对于中国留学生来说，申请入学的程序要比当地的学生复杂些。因此，在已经确定去留学的国家后，尽量要比所申请大学的入学时间提前一年左右，开始准备办理相关的手续。

无论你计划在 9 月份、1 月份或者 5 月份入学，都要在接下来的 1 年内做好周密的安排，控制好时间就能节约资金。

为签证七进京城

说起进京城办理签证的事儿，好像是去蹦了一次极，当时挺刺激的，但似乎所有的回忆都让我心有余悸！由于当初不懂签证的办理流程加之对北京环境的不熟悉，来回折腾了 7 次，一点儿都不比坐过山车好受。

没在北京读过书，自然会感觉它很神秘、新鲜。第一次进京，恰是因为这份好奇心，加上可以与来京办事的朋友同行，即可免去吃住费用，自然乐于主动跟随，享受一次闷罐车的颠簸之旅。

第二次进京就得办正事了，是为自己的签证而奔波。自认为时间还算宽裕，所以在家里提前上网看地图、查公交线路、预订住处，感觉一切胸有成竹后，买好一张火车票，把自己再次投进了绿皮闷罐车。

49 元的廉价火车票的确感觉自己像被货运车运到了北京站，但是心情仍旧很好，对北京依然充满了新鲜感，让我顾不上一路疲乏，一出火车站口就转公交车直奔大使馆而去。

大使馆的门的确开着，但是告之下午不办公。那天我是下午到的使馆后才发现使馆签证部门只办理到上午11:00。当时顿感心中有些失落感，自认为便宜至极的那个预订的35元/天的宾馆，居然距离使馆那样遥远。如此看来，对环境的不熟悉，很容易给自己的签证办理带来不便。

第二天清晨，起得比鸟还早的我终于拿到了签证申请表以及相关的资料，高高兴兴地返回了北京火车站，在等待了好几个小时之后，终于登上了载我来京时的绿皮老爷车，将自己的身体再次存放在绿皮火车的硬座上，每隔十几分钟，就会停在小站上等候上下车的旅客，而后一路颠簸，似乎永远也不知道何时才能到达终点。这种感觉，直到我在多年后从事长期伏案工作时，在半个屁股及双腿因久坐而产生的酸麻与疲劳中，还会不由自主地想起曾经办签证时，自己在漫长的旅途中同样酸麻的屁股与双腿。它已经成为一道无法抹去的、在我大脑皮层深处的深刻记忆。

签证材料的准备并没有任何悬念和困惑可言，但50 000元的银行存款证明，的确差点让我的留学梦成为泡影。在我的签证申请材料中有一项规定，50 000元的存款一定要在自己双亲或合法监护人的名下，并且指定必须要在中国银行的账户中，存期为6个月以上。哎呀，这可把我急坏了，钱在我的手里，即使以父母的名义存到中国银行，以6个月的生效期计算，无论如何也赶不上开学之前去报到了，那样录取通知书就无效了……似乎出国梦要醒了，让我无法接受，心中感到出国留学的大门似乎正在慢慢向我关闭……

怎么办？心急如焚的我该怎么办？

我冲到了银行，在前台想以一位莘莘学子的全部真诚打动那位值班经理。我气喘吁吁地说："我得见见你们的行长！"何曾想到一位保安手握警棒、歪着脑袋，站在我身后早已紧张得满头冒出了冷汗。银行行长来了，他看上去很慈祥，或许是老天的眷顾吧，行长听完我语无伦次的诉说后，着手安排相关人员，以特事特办的方式，为我开了绿灯。如今经常与银行打交道的我，每每因为业务需要踏入国外任何一家银行的大门，都如同有一种回家的感觉。回想当初要不是得到了银行行长"毕姥爷"的帮助，可能至今我还在大都市——铁岭待着呢……

当我确定已经把一切准备妥当后，再次急匆匆地重返京城时，某些材料的填写不达标等细节问题出现了。一切又要重新开始吗？突如其来的打击差点把我的热情瞬间熄灭。

如此折腾了几次之后在第7次进京时，我怀着沉重的心情直奔那个已十分熟悉的大使馆。那天天气阴晦，一路堵车，让我忽然对北京失去了好感。一个多小时公交车移动不足50米，这样的交通速度让我感到十分失望，因为我当天必须把材料交到使馆。那天正巧是星期五，而过了此周末恰是漫长的十一假期，我已经没有时间再等了……

“一定要赶在上午 11:00 前到达使馆！”我在心里暗暗地告诫自己。公交车一停我就蹿下了车，招手打了一辆出租车。可摸摸口袋，囊中羞涩啊……一边担心一边硬着头皮钻进车里。计价器每跳一下，我的心也会跟着猛烈地跳动一下，当出租车即将驶入使馆区的时候，新一轮的塞车又开始了……

我感觉自己的头愈来愈大，距离上午 11:00 只剩半个小时了……司机师傅看我着急得很便说：“没多远了，要是等不及，就自己跑吧……”

谢过师傅后我跳下车，一路狂奔而去。

只顾着急向前跑了，忽然想起还不知道去使馆的具体线路。慌忙中路遇一位老大爷，赶忙气喘吁吁地问：“老大爷，您好！请问那个大使馆怎么走？”

大爷摇摇头，打起了手语，我的亲娘啊！居然是一位聋哑人……

顾不了那么多了，接着跑吧……

在冲进大使馆交完那 1 520 元的签证费后，我整个人几乎要瘫软在地了。

在几番周折中状况频发，终于在一天中午我接到了使馆打来的电话，通知我签证已经办下来了，要我再交 15 000 元人民币的押金（此押金可退），便可去领签证了。当时的我激动得差点没把口中的半块馒头硬吞下去……

当取回签证后，坐在火车上的我回想办理签证的过程，虽然历尽艰辛，但事实却教会了我——有志者事竟成！如今，想到国内还有很多弟弟妹妹们为了自己的前程，为出国留学办理签证而奔波着，仿佛就能看到自己当年的身影。因此，更加迫切地想告诉大家，如果你的时间很紧迫，或者对北京的交通环境不熟悉，请不要自作主张地像我那样，可以提前向前辈们多打听或去留学中介进行咨询，要好过像无头苍蝇那样到处乱撞地办事，以达到省时省力的目的。

记得当年我还办理了无犯罪记录证明和未婚证明，但是出国以后才发现，原来申请学校读书，根本不需要所谓的无犯罪记录证明和婚姻证明。我曾还为多花的这几百元钱，狠狠地埋怨了朋友一番，亏我一口一个“大师”地称呼他，哼哼，简直就是一个滥竽充数的假诸葛亮。有句老话说的好：“人算不如天算！”至今都还会心疼我那打了水漂的人民币呢！

背起行囊出发了

接下来，就剩下唯一的一个问题——买机票了。

那个年代，网络还不是很发达，所以携程网对我来说，简直就是个外来词。我提前两个月就跑到了机场售票处，咨询购买机票的事情。因为我持有国外大学的录取通知书，并已成功领到了学生签证，所以可以买到价格优惠的学生票，其价格远低于同档次舱位的正常价格。

因此购买机票越早做准备机会就越多。我购买机票时提前了两个月，享受的折扣较高，加之是学生票，真是省了不小的一笔开支。

在购票咨询的过程中，当时机场售票员问我是否需开具发票。很久之后我才明白，之前我向几家机票代购点进行电话咨询时，他们一口咬定不能开具发票。

其中的奥秘就在于：与国内机票在基准价位上实行的透明折扣不同，国际机票的折扣价格并不透明。虽然有基准价，但是往往会按照市场价来进行销售。旅行社、代理商出售的国际机票是不会给消费者开发票的，而从机票上也无法看出实际的交易价格，所以消费者无法知道自己所购买的机票的真实售价。

看来，买国际机票也是有学问的。

终于出国留学的一切准备工作完成了，我出发后直奔机场！

这是我生平第一次到首都机场，感觉自己像是在做梦。定睛一看，原来航站楼是一个长方形的建筑，长约 500 米。航站楼的侧面商铺林立，有酒吧、咖啡屋、肯德基、书店、礼品店，航站楼一层有很多风味小吃，登机口在二层。

登机时间尚早，我找了个座位坐下。此时过来一位身材苗条、年龄约20岁的漂亮姑娘，一个人拖着两个超大的行李箱，相比我的而言，真是威风十足。看得出来她有些紧张，一会儿东张西望，一会儿又不停地搓手哈气，弄得我也跟着紧张起来了。

“你要去哪里？”为缓和她的紧张情绪，我关切地搭讪。

“德国！”她微笑着回答。

“那你需要转机是吗？”我微笑地问她。由于是第一次出国，我专程学习了很多这方面的出行常识。

“没错，呵呵。我也是订票时向售票小姐咨询后，才知道去欧洲可选择由中东或者香港转机，去澳洲可直接在香港转机；并且选择中转要比直达机票的价格便宜近一半，真是不错哦。”她满脸喜悦地回答着，一扫之前的紧张感，“之后我又通过不同路径的排列，从20种飞行线路中，选择了这条最便宜、最合适的航线。”她边说边咯咯地抿嘴笑了起来。

“你们是第一次出国吧，提前祝你们一切顺利啊！”旁边一位年龄稍大些的姐姐，似乎听到了我们两个人的对话，也微笑着加入了我们的交流。

“非常感谢！”我们两人异口同声地回答着，看来我们是遇到师姐了。

果然，她在澳大利亚的一所大学读研，根据她多年的出行经验，给我们总结出了三条“雏鸟”飞行经验。

第一条：直接抵达式，做好准备选择转机最省钱。

如果急于尽快赶到学校，要在飞行线路上选择转机最少的航线为上策，以此来保证飞行时间最短和行李包裹的丢失概率最小。

同时，若已确定目的地有校方或亲友接机，则首先应考虑对方的时间及行程安排，这会涉及对方的工作安排及各国的时差等问题；若无人接机，则应尽量选择到达时间为白天，要提前准备好当地街区的地图及咨询好宾馆的住宿情况，避免因不可预测的原因导致无法在预定时间抵达目的地后出现的尴尬局面。

关于这一点，在我参加工作后的一次出差中曾经历过。那次出行恰是因为突降大雾，导致飞机无法起飞，最终到达目的地时已是深夜。对于初到异地又不熟悉周边环境的我来说，因准备不足内心感到十分茫然。

第二条：间接游玩式，多方位考虑预定停留地。

不是所有的留学生都会选择直接飞到学校，他们可能会沿途拜访一些早已出国的同学，或者远在国外而平常没有机会探望的亲友。此时所选择的航空公司，应以有飞行预定停留地点为优先考虑者，若所搭乘的国际航班无法直接到达预定机场，也会以安排到达该国境内有合作的航空公司的飞行地为前提，才不会因频繁更换飞机造成行李托运困难，或是因转机时间过于紧张而错过航班。

第三条：出行前三天，应打电话确定航班信息。

如果出行时间恰逢旅游旺季，很容易因突发事件造成已获得的廉价机票失效。因此在出行前三天，要致电航空公司核实航班信息，否则你预订的航班很可能会因突发事件，而变更飞行时间。

听着过来人的一番讲解，我们两人紧张得甚至忘记了感谢。师姐看着我们手足无措的样子，大笑着安慰我们不必过度紧张。

没错，很多人生经验都是在经历中积累起来的。

待到自己内心平静后闲着没事，掏出手机给老妈打电话，现场直播当下的所见所闻所感，并故作镇定地安慰家人及亲友们放心。老妈倒是比我想象中要镇定许多，再次叮嘱我曾唠叨过 108 遍的话语：“出去后安全第一，到了人家的地盘不要惹是生非。一定要注意身体，要吃好休息好，然后学习好，打工多赚些零用钱，全家人期待你学成归来，你今后可是咱家学历最高最有出息的人啦。”随后她话锋一转继续说：“你第一次出去闯天下，不是那么容易的，如果实在站不住脚，千万不能硬撑着，买张飞机票赶快回家，无论到什么时候家里都有你的一口饭吃。”

尽管这样的话已听过无数遍，但此时此刻，心中的滋味仍是无法用语言能表达的。我清清嗓子，连说了三个OK，强忍着眼泪轻轻挂断了手机。

我选择了人少的柜台，准备办理托运手续。第一次出国，难免携带的东西会多些，万一生出事端就不太划算了，还是找个好说话的女生办理手续吧。

“您好！”我面带微笑地与她打招呼，刻意做出不卑不亢的样子。

“您好！您东西不少哦！”她微笑地说。

“哦没错，是有点多，呵呵！”我极力掩饰着内心的紧张感，故作轻松地递上了机票和护照。

“不必紧张，才开始托运，现在人不多托运仓空得很，您的行李虽多但可能没有超重，应该没问题的。”她一边办理手续，一边安慰着我说。

之后的多次出国经验告诉我，要把所有需要查看的证件准备好，不要等到办理手续时再匆忙翻找。工作人员其实很不喜欢第一次出国的“菜鸟”们，即便素质再高的工作人员，依然希望遇到的是高素质、有经验的乘客，与其配合默契，使其操作流程能够保持顺畅。因此，就算你是第一次出国，也要装出一副“老鸟”的样子。我第一次乘飞机，在此环节的表现还算不错。如果你紧张得嘴巴发抖，一个劲地恳求关照，人家一看就知道你行李超重、心里发虚，想蒙混过关，反而会更难。

事实上，我第一次携带的行李的确有些超重。收回证件后，当我把箱子放到传输带上称重时，果然超出了几公斤。

“您的行李有些超重哦！”办手续的女生收敛了之前的笑容说。

“对不起，我所有的行李都在这里，再无随身物品了，您看可不可以帮我全部托运走？”我果断而简练地回答说。

那位女生微笑地点了点头，不知她是不是在同意我的行李“过关”的同时，还对我的智慧表示了赞许……

在我身后的哥们更是机灵，拖着比我还大的箱子过来了，有板有眼地模仿着我的套路。

行李称重后超出了足足 8 公斤，想必罚单是开定了。

那哥们很聪明，随后便手疾眼快地按照体积小、分量重的原则向外拿东西……仅几秒钟的时间，那些厚重的书和字典等物品就被掏了出来，罚单数额瞬间变小了，让在一旁观望的我惊叹不已。

行李超重是常会让留学生头疼的问题，应对这一问题其实不难，方法如下。

首先是手提重物上飞机。大部分航空公司只会称托运行李的重量，所以可以随身携带分量较重的物品，即便在登机时手提 18 公斤的物品，也能顺利过关。

其次是很实用的一点，可将所有衣物尽可能地都穿在身上，然后再把分量稍重的小物件放在衣服的口袋里。虽然此做法看起来会使人不那么潇洒，但不失为一个在无奈的情况下为行李箱减负的良策。

最后也是最重要的一点，寻找友善的工作人员。在办理行李托运手续前，可先观察一下工作人员的言谈举止。谁看起来更友善，就找谁办理手续。万一不小心被尽忠职守的地勤人员阻止，不妨试着重排另一队。

总之，凡事需多动脑筋，如果连这么一点儿小事都需父母操心，那么坎坷的留学路，你将如何能独自走完呢？

ONE WAY
NBC NEWS

第二章 初到国外的人生

寻找落脚处说难不难

当飞机载着我和我的梦想，经过了十几个小时漂洋过海的飞行后，终于进入了异国他乡的领空；当空姐用甜美的声音通知旅客飞机还有半小时就会降落时，我便从刚进入一半的梦中蹦了出来。此时的我怀里就像揣着一个小兔子一样，既忐忑又期待。

在飞机上，鸟瞰这个自己即将融入的城市。此时天色已经渐亮，清晨的雾气丝毫遮不住这个城市的魅力。虽然，此前我早已在网上领略了它的美丽，但是在半空中真切地欣赏时，还是有种强烈的震撼力。虽然它并不繁华但山清水秀，处处都透露出自然与纯洁。此时的我真想站在飞机上大喊一声：“我来了！”

下了飞机后，等行李的心情十分复杂。因为自己的行李久久转不出来，等到终于看到自己的行李时，我迫不及待地奔过去一把抓起行李箱放到了手推车上，这时才发觉在偌大的一个机场内自己却不知道该往哪里走。

随大溜儿吧！于是我跟着大多数人往前走，恰好方向正确。过关的时候，因为自己听不懂海关人员在说些什么，只能始终保持着抱歉般的傻笑，其间偶尔蹦出一个单词OK，其他的就再也说不出来了。海关的叔叔们十分通情达理，很顺利地就放我过关了。

来接我的朋友把我的行李塞进了他提前叫好的出租车后备箱中，送我“回家”。一路上朋友热情的讲解，恨不得一下子要把他了解的所有事情都装进我的脑子里。其实我当时什么都记不住，由于长途飞行，加之时差和天气等原因，我的头已经疼得快要炸开了。

房子是朋友帮忙提前租好的。虽然是合租，但我很幸运，拥有独立的房间和卫生间，每月只要折合人民币1 500元的房租。因为学校的宿舍我是绝对住不起的，在学校找条件相似的宿舍，价格要比它贵一倍。

提到住宿，我不得不多说几句，因为留学中很大的一笔花销都在于此。对于那些身在异国他乡的留学生来说，房子意味着一个驿站、一个落脚点、一个必定要在那里度过大部分时光的空间、一个反复上演吃喝拉撒睡“生活情景剧”的舞台、一个为自己的前途与命运未雨绸缪的“革命根据地”。

于是，租一间既符合自己的支付能力又相对理想的房子，成为很多留学生出国后的第一件意义重大的事情。

多年以来，我换过很多住所，我的目标是以“省钱、安全”为主。大体来说，出国留学生的住宿方式通常包括校内宿舍、寄宿家庭、校外租房、临时住宿酒店等。当然，如果你是一位“富二代”，没有经济压力，也可以在国外买套房子，住得会更舒服些。相信大部分的中国留学生会同我一样，不会过多地依赖父母而是靠自己的能力去奔前程。

对于多数中国留学生来说，都是在用家长们的血汗钱出国留学，因此找个省钱安全的住所就是他们最大的心愿了。经过多年的打拼，相对而言我更了解一些留学住宿的内情，在此愿与学弟学妹们分享。

如果你是初来乍到的新生，肯定是人生地不熟，你需要快速、全身心地投入到学习中，此时住校是一个非常不错的选择。住校最大的优势是人身安全能够得到保障，在国外很多学校对宿舍的管理是很严格的，通常学校宿舍会为你提供水、电以及上网服务，齐全的配套服务能给初到国外的你吃一颗定心丸。

一位在美国的留学生，在谈及他住校的体会时说：“选择住校是我参与校园活动及认识其他学生的理想方式，并且宿舍在校园内离教室很近，为我节省了很多交通费用和时间。”

能拥有这样的住宿条件与学习环境是会让很多人羡慕的。

当然，并不是每所国外的大学都能为学生提供住宿。一般来说，英国的学校大部分都能为留学生提供在校住宿服务，保证研究生在校住宿和本科生第一年的住宿；而在美国和澳大利亚能提供校内住宿服务的院校并不多。

校内宿舍虽好，但是价格却是很贵的，因为数量有限，一定要提前申请。一般来说，开学前你就要在国内向该学校提出住宿申请，并通过网络申请系统详细填写申请信息，提交后等待学校住宿办公室的审批。通过审批后，学校住宿办公室将会通知你具体的宿舍地点。等你到国外的学校报到后，只需办理相关的手续即可入住了。

由于国外学校的住宿名额非常有限，所以你提交的住宿申请并不一定能够被批准，并且多数国外学校对于宿舍的分配采取“谁先申请就分配给谁”的原则。如果你想选择住校，就要在收到学校的入学通知书后，及时提交住宿申请，晚了很可能就申请不到宿舍了。

在美国、英国、澳大利亚等一些国家里，很多读语言学校的中国留学生会选择住在寄宿家庭里，这是快速提高外语水平、快速融入当地生活的一种非常理想的方式！

挑选寄宿家庭时要注意选择那些没有犯罪记录的家庭，若选择有犯罪记录的家庭，你的人身安全是没有保障的。寄宿家庭可为你营造一个温馨的生活环境，让你有家的感觉，不再感到孤独。能让你在远离父母的情况下，仍然能从临时监护人那里得到关怀、照顾及情感上的支持。

我有位同学刚来国外留学时就生活在寄宿家庭里，他和那家主人的关系相处得很好，主人把他当成自己的孩子一样对待，他的外语水平也在主人的帮助下短期内得到了极大的提高。房东不仅为他提供了有家具的私人房间，还为他提供一日三餐（很多住宿家庭仅提供早晚两餐，午餐通常需在学校解决），同时还为其提供了大部分的日常生活用品。因此，他节省了很多精力、金钱和时间，可以专心地学习。若不是我的那位同学想为其父母再多省一些钱，他还真是有些舍不得离开那家人呢。

虽然在寄宿家庭生活，能够很快融入当地的文化，感受当地的风土人情，但有时候中国留学生会与国外家庭成员之间产生文化差异上的矛盾。这就需要我们具有很强的自我调节能力，具有包容心，只有这样才能快速融入当地人的生活。

对于我来说，之所以在留学初期就选择了校外租房，有一个很重要的原因就是便宜；另外在校外租房能够吸引我的地方就是，能够在自己的出租房内拥有一份自由的空间。对于我这个天生不爱受约束的人来说，自由是极其重要的。

在校外租房我可以根据自己的爱好选择最适合自己的房子，价位也可以根据自己的经济实力来决定。除此之外，校外租房最能锻炼自己的独立生活能力，日常生活中的饮食起居都要靠自己亲手打理。在国外这些年我已经从一个衣来伸手、饭来张口的“少爷”，蜕变为一名合格的劳动能手了。

相比前两种住宿方式而言，在校外租房能更加便宜一些。但由于校外租房时的水电费、上网费等费用都要自己亲自缴纳，会产生一些无形的成本。因此在办理校外租房时，最重要的一点是要考虑到时间成本。

通常在国外寻找出租房的最佳时间为每年的六七月份，即暑假结束前。但在这一时期找到的出租房，或许要支付暑期的租金，如果你不是马上就入住，有些房东也会因此而少收一些租金。

寻找出租房源的方式有很多种，你可在各种华人论坛或本地信息网站中寻找房屋的出租信息。在这类论坛及信息网站中提供的私人房源比较多，入住手续简便，出租信息大部分是由房东或者二手房东直接发布的，可通过电话联系看房。你也可以通过正规的本地房屋中介找房，通过中介找房的手续相对来说要复杂一些，且要收取一定的中介费用，耗时较长，但是租客的利益相对而言会更有保障。当然你还可以通过熟人或朋友的介绍，寻找房源。

如果你的经济条件有限，又不介意与人合租，那就可以找几个熟悉的朋友一起合租房屋！你同样可以拥有一间单独的卧房兼书房，只需和朋友们共用厨房、卫生间和客厅。但是，在合租套房时，最好请朋友陪你进行一下实地考察，认真了解一下所租房屋的居住环境、周边的交通情况、屋内设施等是否能够满足自己的需求。

如果你找到了出租房，在拿到租房合同后，先别忙着签字，最好能找个有经验的留学生或房屋中介的专业人士帮忙审核下合同，以防其中藏有什么“猫腻”；签订合同后还要妥善保管好押金条、租房合同等各种凭证。

无论是在哪个国家租房子住，都难免会遇到一些黑房东，黑房东会以各种理由克扣押金的事情时有发生。我有一位在伦敦大学学院读硕士的同学告诉我，他在租房合同到期后搬离原住处时，房东以搬走时房间打扫得不够干净为由，从原有的 400 英镑押金中扣除了 50 英镑作为“打扫费”。真是什么样的人都有，什么样的事情都会发生。不管怎么说，在国外留学时只有学会保护好自己才是最重要的。

当然，你还可以选择酒店、学生旅馆、汽车旅馆等短期住宿方式，其费用相对之前介绍的三种住宿方式要高些。

银行开户有讲究

在国外吃穿用样样都离不开钱，但支付的却是外币。我当时将外币现金都带在身上，数额还不小呢。来到陌生的国家，需要找个安全的地方存放资金才行。存哪呢？当然是银行。但存在哪家银行比较合适却不知道。

我刚到国外的时候也不知道哪家银行适合我，加上英语不好，想了解情况都难，最后选了一家在国内见过的汇丰银行。主要原因是汇丰银行及其各家分行、支行都有会说中文的服务人员，沟通起来较为方便。后来我也给同学介绍过汇丰银行，因为国内也有汇丰银行，便于家人给留学生汇款，其手续费也相对便宜一些。

但之后却出现了问题。当我转到其他城市上学后，那个城市没有几家汇丰银行，取钱时要到很远的地方才能办理业务，很不方便，于是我就在学校里的一家银行又开了个账户。

实际上选择银行可以根据自己的实际情况而定。初到国外时若自己的外语不好，可以找个有中文服务的银行，像汇丰银行；等外语水平提高后，交流没有大碍时，便可以找一家离你近的、服务种类更齐全、更适合你的银行。

起初在国外时，并不知道银行间还存在着差异。在我的印象中国内的银行都一样：不就是存钱取钱嘛！一样的利息，一样的服务。到了人家的地界儿后才发现，进不同的银行，感觉也是不相同的。随着我在国外逗留时间的增加，对银行的了解也逐渐加深了，发现国外银行与银行之间的差别还是很大的。

既然国外各银行之间有差别，那么我们又该选哪一家呢？这其中的确大有学问。作为过来人，我给朋友们支几招！

首先，要选择自我感觉最方便的银行。

所谓的方便，一是语言交流上要方便，二是路程较近、交通方便，三是营业时间较长，便于学生办理业务。

以我当时熟悉的那家汇丰银行为例，因为会说中文的职员较多，我在语言交流方面就倍感轻松，于是就能了解在办理银行业务时到底哪些收费，哪些不收费；哪类存款利息高，哪类存款利息低。只有了解了详情才不会吃亏，不然很容易上当受骗的。

记得我留学时的那所学校附近就有好几家银行，其中中国银行离学校最近，并且该银行前台还有一位和蔼可亲的中国大妈，一进那家中国银行就像见到了亲人一样，所以中国留学生都愿意把钱存在那家银行。不知道这招儿是不是该银行专门针对中国留学生策划的运营模式，不过这招儿的确管用，以至于其他的国外银行也都争相效仿，原来谁雇用了会说中文的职员，谁就能赢得中国留学生客户！于是，各银行纷纷在自己的大门口挂出了吸引客户的招牌：我们会讲普通话、我们会讲闽南话、我们会讲广东话等，这为初来乍到的中国留学生提供了很大的帮助。

节约时间，这就不用我解释了吧，试想谁都不愿意为了支付一个账单中的钱跑一个小时的路程吧。

另外，营业时间长很重要。当年我所就读的大学附近的那家银行的营业时间较短，每天下午不到 17:00 就关门了，而且周末也不营业，这对每天需正常上课的留学生而言极不方便。比如之前提到的中国银行关门就早，而且周末还不营业。但是也有银行营业至晚上 20:00 才关门，那才真正能够为白天时间不充裕的人们提供便利的服务。所以，许多留学生会选择在这样的银行开户并存入一部分钱，以备急用。

其次，可选择利息高、手续费低的银行。

在欧美很多国家，不同的银行有不同的存款利率。其在吸引储户的同时，也为中国留学生带来了更多的选择。银行间的存款利率是有差别的，所存的钱少你可以不在乎，若是所存的钱多呢？中国讲究“穷家富路”，中国留学生出国前通常会准备几万至十几万不等的外币现金。到国外后，这么多钱能不找个利息高的银行存起来吗？即便家境再好的人，也是不愿意让资金闲置的。

另外在欧美等国家，即便是同一家银行不同的分行或支行，所支付的利息也有可能不同。这大概与各级别的银行经理所掌握的审批权限有关，即与一个国家的银行经营机制有关。

我有一位同专业的华人同学，他母亲的一位朋友在我们留学地的一家银行工作，所以他母亲希望自己认识的人都能帮助她的那位朋友，把钱存到那家银行，以增加她朋友的业绩。当另一位同学的母亲去她曾存钱的那家银行准备将钱转出时，该银行的工作人员感到非常紧张，忙问是否自己哪里做得不够好。

于是那位同学的母亲没有任何隐瞒地将事发原因如实相告了，她心想这在国内根本就不算是什么事情。不料该银行的那位工作人员马上说："那家银行给您的利率是多少，只要您不将存款转走，我行会尽量满足您的要求，让您享有与那家银行同等的利率待遇。"那位同学的母亲一看这家银行的职员态度十分真诚，就不好意思再转走自己的存款了。

明白我讲这个故事的真实意图了吗？即国外银行的存款利率居然是可以协商的，这可绝对不是"传说"！

存款利息是收入方面，另一方面是在银行办理业务时的花销，也就是银行收取的手续费问题。

在国外，享受服务是要付钱的。去银行办理业务也是一样的。银行为你提供了服务，收费是理所应当的。但每家银行有各自的收费标准。例如我所熟悉的一家银行，你若在那里开户，每月需缴约合人民币几元钱的手续费，同时可享受每月 20 次免费办理取款及付款的业务。如果你不愿意按月缴纳几元钱的手续费，那么你所办理的每笔业务都要单独支付手续费。但是，该银行对学生有优惠，你只要提供学生证，即可免费办理存取款业务。

当然，因各国银行的管理制度不同，相应的服务与你在该银行的存款数额等密切相关。当你能够真正了解国外银行的运作模式及营销策略后，你就能选择出适合自身情况的银行了。初到国外的中国留学生，建议你们在选择银行时，多观察、多了解、多比较后，再作出决定。

另外，有个关于投资的小知识可以分享给不太懂理财的同学们。很多人都知道把钱存在自己的银行账户里，便可获取利息收入。但是，千万要记得一定要把钱存在储蓄账户中而非支票账户中，若将钱存在支票账户中是没有任何利息收入的。关于这一点，我有一些同学曾经都吃过“哑巴亏”，在此提醒大家一定要注意。

没有信用卡寸步难行

小时候，常在电视剧中看到一些香港人的皮包里总是装着一沓金灿灿的信用卡，觉得他们真是有钱人。从那时候起，我就把信用卡和成功人士联系在了一起。

如今长大了才真正了解信用卡的作用。信用卡属于银行卡的一种，常用的银行卡有借记卡和贷记卡。借记卡就是我们平时存取钱时所用的储蓄卡，不能透支；而贷记卡才是所谓的信用卡，其是建立在信用基础上的。实际上就是银行相信你，才会凭信用卡借你钱用。信用卡是可以透支的，在商场购物时即便是卡中没钱也能刷卡消费，只要不超过信用额度就可以使用。可以理解为提前消费，用未来的钱购买现在所需的物品，只要别忘记到期还款即可。

在国外，中国留学生一定要办信用卡。通常国内信用卡在办理时很方便，但是到国外使用时会受到很多限制；而在国外办理信用卡时，程序上相对要复杂一些，但在使用时却非常方便。

信用卡全球都通用，并且在使用时没有手续费。在国外绝大多数国家和地区都接受信用卡付款，在购物时尽量不要使用现金，因为使用现金支付，特别是在大额交易中，其安全性是无法得到保障的。

到了国外我才发现信用卡是人手必备、时常要用的，如同水和空气一样，是人们离不开的物品。在国外，无论是租房还是租车，租赁方都会确认你的信用度，如果你的信用度不高会很麻烦，有时要花费很多的时间和精力。有人可能会认为直接用现金支付不就行了吗？假如你真的是提着几万元现金去买车，别人一定会以为你是洗钱的，搞不好还会把你送到警局去呢。

在国外，一张小小的信用卡，不但能够证明一个人有足够的经济实力，而且还能证明一个人拥有良好的信誉，在办理各种手续时也能省去很多不必要的麻烦。既然信誉这么重要，我们怎样才能尽快地建立起自己的良好信誉，尽早申请到信用卡呢？

要想办理国外的信用卡，使用信用卡并及时还钱是建立良好信誉的最佳途径。可是很多中国留学生刚出国门既没借过钱又没还过钱，该怎样产生信用记录呢？这不成了“先有鸡还是先有蛋”的问题了吗？

我们怎么能在没有信用记录的情况下申请到信用卡呢？当初我朋友的母亲教给了我一个很有效的方法，那就是自己担保自己，即用自己的钱在银行作为抵押，由银行替你向信用卡公司进行担保。当初我将手里的 2 000 美元存入银行的一个独立账户中 (两年内不能取出)，银行向信用卡公司替我申请了额度为 1 000 美元的信用卡，如果我不能及时还上信用卡里的钱，银行就会用我作为抵押的存款还贷，这就叫做自己担保自己。等两年后我建立了良好的信誉，那 2 000 美元就可以取出来了，当我积累了一定的信誉后，就可以去选择一张真正适合自己的信用卡了。

有的人可能会感到奇怪，信用卡有一张不就够了吗？事实并非如此。国外的信用卡种类繁多，各自拥有不同的服务、不同的保险以及不同的优惠政策。比如，商场有商场的信用卡，大学有大学的信用卡等。因此，选择信用卡类型时，一定要选择最适合你自身需求的，能给你带来最大方便、提供更多优惠的品种。

当你的信誉积累到一定的程度后，再申请信用卡就非常容易了。如果打算在国外长期发展的同学，建议你在不乱花钱的情况下，可以申请 2 ～ 5 张信用卡，这样自身信誉的积累会快一些。但是，千万别贪小便宜，“贪小便宜吃大亏”的道理是适用于任何时候的。没用的卡一定不要申请，因为你的信用档案被查一次，你的信誉分数就会被减少一些。

当初我收到信用卡后却不知如何开通，在同学的指导下，我打电话给信用卡公司要求激活它。在电话里工作人员详细地询问了我一大堆的问题，如姓名、生日、家庭住址、邮政编码，等等。最终确定我是持卡人后，信用卡才被激活。我还在卡的背面潇洒地签上了自己的大名，然后才正式投入使用。

使用信用卡时还要留意免息期。息期在账单日之后的第一天计起，此时刷卡消费，能享受到最长时间的免息期。一般银行的免息期最长为 50 天，最短为 30 天。如果超出了免息期，透支消费的利率可不是个小数目。

对于手中持有很多张信用卡的人来说，一定要平衡好使用信用卡的次数，目的就是要达到每张卡的免年费刷卡次数，这样一来，几十美元的年费就能很巧妙地被省下来了。

在信用卡还款方面也有技巧。还款时要尽量使用与所持外币卡币种一致的货币，只有这样才能省去用其他币种的货币还款时所造成的汇率换算损失。比如你持有的为美元卡，在欧洲消费时则会自动按欧元进行结算。如果你使用人民币进行还款，那么银行会将欧元先按当天的汇率转换为美元，然后再转换为人民币进行结算。这样便会涉及汇率换算的问题，而银行通常采用的是低买高卖的汇率结算方式，那么在汇率换算时无形中就会加大你的资金成本。

在国外办当地的银行卡时，很多留学生在找不到国内银行在该国家的分行网点时，可能会选择学校附近的一些当地银行。此时应尽量避免选择当地的一些小银行，因为小银行有可能不能直接接收汇款，而需要通过大银行进行转汇。如此一来，资金需在多家银行之间流转，需要花费很多的转汇费。

虽然使用国际信用卡在国外刷卡消费时很方便，但是在国外提取现金时，有可能需要支付很高的手续费。比如，使用Visa卡、Master卡或美国运通提供的银行卡清算网络时，需要支付提款额2%～2.5%的手续费，此时若办理一张国内银行在留学地分行的银行卡是很有必要的。

最后要提醒大家的是，平时要仔细保管好信用卡，千万别丢了，丢卡后被盗刷或补办卡都是件十分麻烦的事儿。如果一旦信用卡丢失或遇到非授权交易时，你最好能及时去发卡行进行挂失或报备处理。

很多理财专家都认为要远离信用卡，因为信用卡会让一个人很快拥有负债。信用卡是可以进行透支消费的，是在花未来的钱，一旦刷卡上瘾，你很快就会成为债务人。一旦负债后还不上，需支付更高的利息。我的经验是，平时应把信用卡当做银行卡来使用，自己银行卡里有多少钱，就按此数额进行消费，不要超支。我按此方法使用了三年的信用卡，并在三年中每月按时缴费，它不仅为我带了来很大的方便，还帮我积累了良好的信誉，这其实也是一种变相省钱的方法。

买车还是坐公交

在日常生活中谁都离不开交通工具。虽说现代城市的交通越来越发达了，但也有一些国家的大学、场管等建筑设施远离市中心，或者居民区本身也远离城区，无论想去哪里都有十几公里甚至是几十公里的路程。如果没有交通工具，单凭两条腿走着去，即便不怕累，也没有那么多的时间。这时选择什么样的交通工具出行便成为许多中国留学生最关心的问题。

一般来说，人们出行时的交通工具主要是公交车和私家车。选择什么样的出行方式，首先应根据你的需要来定，其次要了解各种交通工具的优势以便节约开支，守护好自己的荷包。

对于大部分的中国留学生而言，因家庭条件所限，更多的人会选择乘坐公交车出行。从省钱的角度来讲，不同的国家有不同的省钱策略。在此我就把身边朋友们在国外乘坐公交车的省钱秘笈介绍给大家。

首先介绍日本。众所周知日本的交通是非常发达的，日本大部分的交通公司都会为留学生提供购票优惠，如果你持学生证到地铁站或公交车站购买月票，可以享受学生票的价格，比正常票价要低很多。月票可以在特定区段内的各车站间无数次的使用，有效期分为 1 个月、3 个月及 6 个月三种。不过日本的交通机关对月票不实行记名制，你若不慎丢失了月票，是无法得到补偿的。

日本各交通机关还出售“回数券”，其中包括非高峰时段“回数券”、节假日“回数券”。例如，东京山手线城铁车票最高价为 190 日元 / 张，但如果你一次性购买 10 张“回数券”，会返券 1 张。也就是说，你花 10 张票的钱能买到 11 张票。如果你买的是非高峰时段的车票（上午 10:00 ～下午

14:00)，可用 10 张车票的钱买到 12 张车票，是不是很划算。

当然，你也可以购买“一日乘车券”，即在一天当中多次乘车，都只需一张车票的价钱，也是很划算的。

日本东京的出租车是很贵的，起价就在 700 日元 (约合人民币 40.72 元)，这使得很多日本人都舍不得选择乘坐出租车出行。

不仅是日本，在其他国家其实也是如此。如果你要省钱就不要轻易尝试乘坐出租车，若是实在需要的话可预估一下费用，并结合自身的支付能力进行选择。

其次介绍英国。在英国乘坐公交车有很多的优惠政策。比如，在伦敦读书的学生可购买学生版的牡蛎卡 (Oyster Card)，购买这种交通卡后乘坐地铁和公交车就会非常划算。如果你的年龄在 15 ～ 26 岁，可办理一张青年卡，这是英国专为年轻人提供的乘火车打折卡，只需每年交一定的卡费，即可为你节省 1/3 的火车票费用。记得在乘坐火车出行时，除了携带火车票外，还需随身携带青年卡，以便查票时核实年龄。

如果你的住所离学校很近，又想环保一些，骑自行车上学也是个不错的选择。仅伦敦一个城市就有 400 个自行车租赁点，可向人们提供大约 6 000 辆自行车。有些租赁点还会向初学者提供免费的培训课程，教你如何骑自行车。对于中国这个自行车大国来说，骑自行车出行就是小菜一碟啦。如果你在出行时骑累了，伦敦街区专门设有很多让骑车者及行人休息的地方，其环境设计得相当人性化。

再介绍爱尔兰。爱尔兰的公交系统同样有月票出售，留学生们可通过学校购买月票。除了月票以外，还有 1 周票、2 周票、3 周票和 4 周票，价格从 17 ～ 44 欧元不等，你可以根据自身的情况来购买。如果你住宿的地方离市中心比较远，每次乘车到市中心都需要花费 1 欧元左右，那么买往返车票可以为你省下不少钱。

实际上我不赞成单身的中国留学生买汽车，因为那是纯粹的消耗品。如果不是特别需要，买车后你就等着往里投钱吧！无论是新车还是二手车，都要花维修费、停车费、汽油费。尤其是在大城市留学，有的士和发达的公交系统，留学生自己购车真是没有太大的必要。如果你上学的路程很远，乘公交车又不方便，或需要经常外出，那么买车还是有必要的，毕竟能够为你节约不少时间成本。

但在有些国家确实是开车要比坐公交车省钱，那可谓是个神奇的国度。对于那些喜欢车的人而言，要是能够生活在这样的国家那该是件多么美好的事情。新西兰就是这样的一个国家，新西兰的公共交通并不发达，你若在此留学，最好能为自己买辆车，这会比你坐公交车更省钱。新西兰的公共汽车发车间隔很长，有时候一个小时才会发一辆车，一不小心就会错过。如果需要转好几辆车去学校就会更麻烦了。我的一位高中同学就在奥克兰留学，他每天坐公交车回家要花费 7.2 新西兰元(约合人民币 37.11 元)，这就有点得不偿失了。新西兰二手汽车的价格是相当便宜的，而且停车场也多是免费的，如超市、学校的停车场地等。如果你想在新西兰发展，可以为自己买辆车，这样比坐公交车更省钱。

留学生买车究竟值不值、合适不合适，是由很多因素决定的。其主要的原则是不耽误学业，能够保证安全，不给父母带来经济负担即为合适，否则为不合适。

在我留学的城市中，尽管拥有庞大的公交系统，但在我住所周围仅有几个指定的公交站点，从我的住所走到车站有相当长的一段路程。于是，在无奈之下我选择了自己买车。下面为大家介绍如何购买私家车才能更省钱。

好在我当年买私家车时价格并不贵，大约几万元人民币的价格就可以买到一辆不错的二手车，并且养车费用也不高。除了汽油费和定期的保养费之外，每年交给政府的费用折合人民币仅一两百元，所以有辆自己的车还是划算的。

我当年买车有两种途径：一是在车行买车，二是可以直接通过车主买车。在车行买车的优势是比较省事，因为车行会为购车者办理好一切手续，但是费用要比直接向车主购买要贵些。如果你要买车一定要注意比较好价格后再买，不要太着急，否则会被别人忽悠。

买二手车也是有学问的。因为我当时对车并不了解，所以我找了一位懂行的朋友帮我来挑选。在买车时，要根据你所能承受的价格，尽量挑选车龄短、里程数小、性能好的车。比如，有些人喜欢德国产的车，有些人喜欢日本产的车，不同国家制造的车都有其优点和缺点，就像人一样，不可一概而论。一般来说，德国制造的车其车身厚重，驾驶时较为平稳、坚固耐用，但相对而言排放量比较大，耗油较多，维修与保养费用较贵，车本身的价格也较高；日本制造的车其车身轻，高速行驶时平稳性稍差些，但是省油，维修与保养的费用相对而言比较便宜。

根据我自身的情况，日本制造的车自然是首选，因为我没有更多的钱可以花在购车上。锁定产地后，我分别从网络、当地的车行、报纸和杂志着手等找适合自己的车。在比较了几辆车后，最终从本地的一份报纸——Junk Mail 上，锁定了一辆本田车的出售信息。当时该车车龄为 8 年，里程表显示为 170 000 公里，但该车保养得非常好，外观无磨损和磕碰的痕迹，并且车内打扫得也很干净。

车主是一位老实巴交的英国人，他当时开出的价格折合人民币约为30 000元，我杀价到折合人民币28 000元。没想到居然成交了。当时我心里那个后悔啊，心想杀价太少了，应该再降低一些价格。事实证明我买的那辆车绝对超值，身边的朋友都说我是瞎猫碰到了死耗子，走大运了。那位英国车主真是个好人，不仅陪我到交通局验车过户，还帮我把车开到了我的住所停好后才收钱离去。

对于很多留学生来说，由于没有稳定的收入，而买车时又需要一次性用现金付款，因此你应该尽量向卖主压低价格。购车时千万要注意的一点是，别自己手上富余多少钱就买价格为多少钱的车。因为在你开车上路前，除了需付清买车款之外，还要交购车税和给车上保险的费用。在一些国家里，未给车上保险就开车上路和无照驾驶同样危险，所以在你开车上路前一定要持有驾照和给车上好保险。

关于给车上保险，我再叮嘱朋友们几句。

你可通过网络或二手车市场获得车保信息。不同的国家和地区可能缴纳车辆保险的方式会有所不同，需缴纳的车保费用也会不同。因此，在你回答保险公司所提的问题时应尽量详细，要真实地描述你的车型、品牌、出厂年份、用途、驾驶里程等，因为所有的回答内容都会影响你所要交的保险费。

当然询价时所做的评估都是免费的，你要好好利用这些评估信息。

相处易同住难

对于身处异国他乡的留学生而言，房子意味着是一个为奋斗目标而短暂栖息的临时驿站、一个选择后就需要将生命中的一段光阴收敛于此的一个必要空间、一个反复上演喜怒哀乐、吃喝拉撒睡“生活情景剧”的表演舞台。

许多西方人在还没能经济独立，或者半独立时，就会选择与父母分开住，开始独立生活了，这可能与他们崇尚自由、渴望私人空间有关。事实上，在许多国家租房都是很大的一笔开销，很多工薪阶层会把收入的 1/3 甚至是 1/2 用于租房。

中国留学生大多并不富有，尤其是本科生，更喜欢三五成群，甚至是十几个人合租一套房子，这并不少见。记得当年我所就读的大学周边的房子，有单元式公寓 (Flat)、复合式公寓 (Complex)、独立的花园洋房 (House) 等。根据地段不同、屋型不同，价格也会有所不同。比如租一套两室两卫的单元式公寓，在普通地段每月折合人民币约为 6 000 元，如果 4 人合租，均摊租金后自然不会觉得贵，可是如果你不想和大家合租，而是单独租一室一厅居住，那么一个月要缴纳折合人民币 3 500 ～ 4 000 元的租金，显然经济压力是非常大的。

合租虽然省钱，但真实的情况是相处易、同住难。在日常生活中，如果不同处于一个屋檐下均能和睦相处，一旦在空间中有了交集，摩擦与芥蒂自然会随之而产生。

我在留学期间有一段时光是以合租的方式度过的。当时我们一起租了一所大房子，楼上楼下共住了十余人，人气旺极了。那所大房子很漂亮，分为上下两层，共6间卧室、3个卫生间，仅厨房就有三十多平方米，室外还有独立的花园和大游泳池。刚搬去住时，园中的花草修剪得整齐漂亮，室内干净整洁。租金虽然折合人民币后约20 000元/月（不含水电费），但经大家平摊后仍觉得价格能够承受。如此优越的居住环境，陶冶着我们的身心，让人都觉得不好意思再谈留学的苦楚。

起初，大家相处得其乐融融、亲密无间，让你相信这个地球不过就是个大村落。时间久了，平日里百般遮掩的生活习性便日渐端倪了。有些人爱干净，连一张纸屑都不容忽视；有些人则大大咧咧，甚至一周不洗澡也不以为然。于是问题随之而来，不洗澡的人抱怨爱干净的人浪费水电，增加了费用支出；喜欢吃零食的人抱怨爱下厨的人不但会弄脏厨房而且还会增加水电费；最大的问题是，马桶居然有人用后也不冲水，甚至连废旧的报纸也会被扔进马桶，试图通过马桶将其冲走。于是，水漫金山的壮观场景不断涌现，往日里温声细语似的交流则完全变了腔调。

十几个人自发地根据自身的习性，重新拉帮结派。我自然也成为某个帮派中的成员之一，决定重新建立两三个人的小团体，重新找一所小些的房子落脚。但是，同样的问题再次发生，二三个人合租一幢房子，在生活习惯大体相同的情况下，依然会存在差异。

同住难或许是因我的性格所致，因为我不太会迁就他人，更无法容忍他人的邋遢，与不讲卫生的人同住，感觉对自己简直就是种羞辱。思来想去像我这样不习惯与多人长期合租房子的人，的确要有个多赢的解决办法才行。

偶尔在华人网站上浏览了一篇报道，让我有了思维上的突破口——做个二房东就能解决这个问题！

于是在接下来的日子里，我开始向一些房屋中介和做过房东的朋友进行咨询，了解转租整幢房子所需注意的问题。

在大二结束后，我将想法化为行动，租下了一整幢两层洋房，然后将一层的房间分别租给其他的留学生，自己惬意地住在二层，于是二层就成为我一个人的天下了。因为我具有二房东的身份，可以有选择地去寻找新租客，变被动为主动。

经过一年多的二房东经历，我的体会为：第一，首先房子的位置很重要，一定要选择在学校附近的房子，地段决定其价格。第二，要考虑自己的经济承受能力，通常租下整幢房子会比较划算。虽然此类房子在房屋设施和地段上的确会存在某些缺陷，但却是比较稳妥的投资方式，即便是在租房淡季，房间会空出来几周，损失也不会很大。第三，要签订详细的房租协议，以免发生纠纷。第四，要把握好对租房者的相对管控权。对于那些生活邋遢、作风恶劣的家伙，一定要敬而远之。

当然想做二房东，首先必须要学会承受很长一段时间的合租煎熬，等攒足了钱才能升级为惬意的二房东。

有啥别有病，拔啥别拔牙

每个人都希望自己的身体倍儿棒、吃嘛嘛香！没错，身体是革命的本钱。在国内时生病或住院都会有老爸老妈陪着、照顾着，似乎不是什么大不了的事情。在国外，就算生个小病，你的内心也会十分恐慌。倒不是害怕有个三长两短的那个万一，只怕实实在在地会浪费大把的金钱。

中国留学生在国外就医，一般有两种选择：一是公立医院，也就是政府设立的医院，去这种医院看病花钱少或基本上不用花钱，只是医疗条件和效果相对差些；二是私立医院，其就医的费用颇高，但住院及治疗的条件会相对优越许多。

因此，需要我们摸摸钱袋想一想自己是否敢生大病了。尤其在你所就读的大学糟糕到没有医疗保险的情况下，那就会比较悲惨了。凡涉及大病小灾的情况，都会提醒我们相应的医保制度、留学区域、条件差异，与我们自身的利益是息息相关的。

我去过一家比较好的诊所，虽称不上是有规模的医院，但是它的服务态度和敬业精神，令我时常会沉浸在美好的幻想中……

记忆中那是一所不太大的诊所，但是明亮、洁净。印象中只见到了一位护士，或许其他人正在忙碌中吧。

护士小姐拿着我的体检卡，微笑着用中文与我交流。

“有没有心脏病史？”

“没有。”

“有没有花粉过敏症？”

“没有。”

“日常饮食中有没有忌口的食物？”

“没有。”

“父母好吗？”

“很好，谢谢。”

“我是问他们有没有家族病史。”

“呵呵，我明白。他们确实很好。”

“你平时酗酒吗？”

“不。”

“常吃药吗？”

“不。”

“很好！你结婚了吗？”

“我？这个真的没有！”

“那么，有几个孩子？”

看着护士小姐认真的样子，我真是哭笑不得。

“0 个。”

“有没有女朋友？”

啊！？调查户口也没这么仔细吧！护士小姐看我没回答，又补充说：“我是指有没有与女孩儿同居。”

“没有！当然没有！”

这回轮到护士小姐笑了：“哈哈，你真是个可爱的男孩。”

这是有趣的一面，在谈到费用后我便笑不出来了……

那时我有位朋友长了两颗立事牙，因为位置长得不对，严重影响了吃饭和社交的心情，最终决定将其拔掉了事。他在痛苦的煎熬中决定让两颗立事牙提前下岗，让其下岗的价格折合人民币居然要 7 000 元！

花 7 000 元人民币拔掉两颗立事牙，谁会相信呢？我认为这是历史上最贵的两颗立事牙了。要是在中国听到这个价码，岂不是会让牙医们自己再笑掉两颗大牙！

从另一个角度来说，牙医在国外的地位和收入的确很高，他们和心理医生一样可以专门为特定的客人服务。作为一名普通的中国留学生，这让我感到很惊讶。

因为牙齿前去就医会有很多因素，所以国外多数保险公司是不保牙齿医疗费的，即使有该保险项目，其保费也是相当昂贵的，所以很多人都不会选择为牙齿投保，当牙齿真正出现问题时，只能支付高昂的医疗费。

这就给我们留学生提了个醒，涉及牙齿也好，身体其他隐患也好，要尽量选择在国内提前治疗，在可控的医疗费用和经济支付能力内，确保身体健康，以防止出国后产生额外的经济负担。

在国外待久了我才深刻地体会到，在不熟悉国外医疗体制或者语言交流有障碍的情况下，最好能找一个完全能说清楚病情的人陪你一起去看病。有很多华人既没有买医保又没过语言关，那么在就医时就会很困难。曾有位朋友因车祸被送进了医院，由于他没有医保，在就医时当地医院要先建立档案，之后还要病人缴纳折合人民币 10 万元的押金才肯收留医治。由于一系列环节的办理时间过长，最终导致那位朋友因失血过多而死亡。

因此每次回国后，我都会在时间允许的情况下，去医院做一次全面的体检。因为我的留学经历告诉我：在国外留学有啥别有病，拔啥别拔牙！

需要补充说明的是，现在很多国家的大学，在你刚入学时，校方便会仔细询问你是否已经办妥了医疗保险。通常留学生要去私人保险公司买短期的医疗保险，该医疗保险单会在学校存档，一旦学生生病后需要治疗时，学校会直接同保险公司取得联系。

因此，留学生要提前向学校做好咨询工作，以免耽误就医。在有些国家，一旦留学生上了医疗保险后再就医时就不用自己承担医疗费用了，但拿着处方取药时还需正常缴费。因此，适当从国内带些常用药还是十分有必要的，因为在国外买药还是很贵的。

我的超级购物省钱经

谁说购物是女人的专利，曾经留学时的我就爱上了购物。购物可以让我身心放松，并且也可以打发一些无聊的时光。尤其在平时我打工或学习很累的情况下，去购物是一种很不错的解压方式。

当时我留学地的购物场所不像国内那么集中、随处可见。当地较大的购物场所基本上都是购物中心 (Shopping Center)，其中囊括了所有你能想到的商店。如衣服、鞋子、生活用品、文化用品等，一应俱全；买完东西后，想吃饭还有餐厅，想看电影还有电影院，想娱乐还有很多娱乐场所……当然，这种大型购物中心所出售的物品并不便宜。

初到国外时我并不懂什么是名牌，也不知道同类商品间都有什么区别。随着购物次数的增多，自己慢慢地就学会了比较。比如，同样的物品为什么在价格上会差几美元甚至是几百美元。一个款式时尚的背包，在普通商店中仅花一两百美元就能买到；若在名牌店里就要卖到六七百美元，甚至是更高的价钱呢！除了是名牌之外，其质量和做工的差别也会很大，真可谓是一分钱一分货。

对于我这种穷学生而言，名牌自然是消费不起的。好在每年那些大商场都会有 2 ～ 3 次的季度大甩卖，此时若去购物才是最爽的。其出售商品的折扣会在 50% 左右，有些甚至能达到 70% 以上。虽然很多新款商品是不打折的，但是没关系，新款总会变旧的。如果你目前没有足够的钱购买它但又十分喜欢，那就再等等吧，等到打折的时候再去买，保证你至少能省一半钱。因此名牌商品在打折期间和那些时尚产品在价格上是没有多大差别的。每年在换季时去购物的人非常多，有时多到似乎能够挤爆商场的房顶。尽管每次换季时商场里都会是人山人海的样子，但我依然会对换季购物保持相当高的热情，既为了省钱又为了体验。

在此要提醒大家的是，某些商家采取的销售手段是有一定欺诈性的，所以这样的商家你一定要小心防范。比如，平时在店里的标价是 1 000 美元，在换季时商家会把原始价格提高到 1 500 美元，然后再把折扣标为 50%，这样算来实际上你只节约了 25% 的资金，而并非真的节约了一半的钱。所以，对于这种销售模式你要格外小心。

如果不是购买急需品，你完全可以等到特价时再买，没有必要急于一时，在超市购物也是如此。我住地附近就有一些超市，它们所出售的很多生活必需品，每周都会举办特价促销活动，尤其是一些食品。在特价促销时，对于那些有效期较长的商品，我往往会多购买一些，有些商品甚至可用到下次特价促销时再买。如此运作了一段时间后，还真为我省下了不少钱。

当然各国的国情不同，购物省钱的方式也会有所不同。

比如，在日本你几乎找不到露天的大卖场，所有的日常用品都要去超市购买，或者选择 99 日元店、百元店等，那样可为你节省很多钱。

你在日本购物时可以多逛几家大型的超市，购买各自店里的特惠商品。你还可选择在超市刚开始营业（上午 10:00）时去购物，同样可以买到五折左右的商品，另外日本的超市在每晚 19:30（或 20:30）以后，会对各种蔬菜、水果和肉类等商品进行半价促销，若此时前去购买既便宜又实惠。在周末时很多商店还会举办促销活动，那时购物不仅能购买到打折商品，还可获得商家赠送的优惠券，顾客可凭此优惠券购买大米或食用油类的商品。

除此之外，日本是一个电器生产大国，因此日本国内的电器售价都非常便宜。留学生们平时要用的电饭锅、微波炉等必备的小型电器产品，可直接在日本商场购买。大型电器产品如电冰箱等，你可以在入学时向本期毕业的学长们购买，不但售价会非常便宜而且免费赠送的可能性也会非常大。

在美国购物也是有技巧的。美国有很多商品在超市里买会更实惠。比如，女生用的彩妆、护肤品、眉笔等，在超市里买很便宜。几美元一支的口红，既可自用又可送人非常实惠。我有一位朋友曾在美国超市中买过 1 美元一支的高露洁牙刷，当时我们都嘲笑她有毛病，居然远渡重洋买牙刷。但事实证明该牙刷的质量确实很好，既便宜又实惠。超市里还出售很多品牌的内衣只需几美金，不仅质地好做工也很精细。此外，在美国超市购物，通常晚上买菜和面包会比早上便宜，正可谓“以时论价”，非常人性化。

在美国买服装最好去直销店，它的价格会非常便宜。在直销店中有些是有瑕疵的服装，有些是商家退订的服装，有些则是工厂销路较差或过期滞销的服装，都会以直销的方式减价出售。直销店所经营的服装，价格只有正品服装的50%～70%，有些甚至会更低，只需在挑选时仔细些，同样能淘到不少的好衣服。

美国名牌过季就会打折，每年在八月中旬过后是疯狂的打折期，通常折扣会很低，所以穷人也有机会穿名牌，只不过是晚一些罢了。此外在重大节日如圣诞节、劳工节、独立日、感恩节等也会有打折活动。

在美国购物时最好用信用卡支付，因为美国很多信用卡都有高额的退款活动。有些信用卡吃饭、加油退款金额高；有些信用卡买机票不仅便宜还会送高额保险；有些信用卡买办公用品便宜；还有些信用卡无论你购买的是哪类商品都能返还现金，具体情况可向银行或信用卡公司进行咨询。

在德国购物时最好不要到专卖店去购买商品。比如，你想买化妆品最好不要去化妆品专卖店购买；你买床上用品最好不要去床上用品专卖店购买；你要买肉最好不要去肉店购买等。你一定会好奇地问：“不去这些专卖店购买那又该去哪里购买呢？”你可以选择去大型的综合超市或连锁超市购买，这些商品在超市中的售价远远要比专卖店便宜得多。如果你对德国的城市比较熟悉，你还可以到偏僻一些的超市购物，那样又能省下不少钱。德国的超市还会定期或不定期地举办各种促销活动，特别是在每年的 1 月和 7 月，德国的各大都会举办各种各样的打折促销活动，其中 5 折商品很常见。

德国人的认真和细致是举世闻名的，因此德国所出售的各种廉价商品，都是能够保质保量的产品，而伪劣产品在德国的各大商店是不会被出售的。你完全可以放心地选择那些没有使用过且价格便宜的商品，说不定那些新品牌的产品还会给你带来更大的惊喜呢！

另外，购物时如果使用信用卡消费，还可以省下不少的手续费，因为利用信用卡付款只需每月支付一次固定的卡费即可。不同类型的信用卡会有所不同，并且有些信用卡还能积累积分，当积分达到一定的数额时，购买机票或入住酒店还能享受一定的折扣，因此比较实惠。

当然，各国信用卡的管理制度不同，所以要根据具体情况灵活运用。

总体来说，在国外购物一定要有计划，如果能够根据商店的优惠活动来制定自己的购物清单，那么一定能为你省下不少钱。

退换货真的不需要理由

初到国外时我说话办事总会小心翼翼的，一切都遵照父母的指令行事。不久我就发现西方人的办事风格和国内大不相同。在国内，很多事没有熟人不好办。就拿我补办身份证来说，今天会让你准备一份材料，明天又会让你出示另一份材料，办一件事若没跑够五六趟就别想办成。若在国内跑一趟就能够顺利办成一件事，反倒会让人感觉不太正常了。

在国外待久了，时常会有一种被排斥的感觉。或许是某些中国人不注意个人的言行，而导致的负面影响造成的。在这个问题上，我个人认为承认这个事实并不是件丢人的事情。但对于工作本身而言，外国人大多是态度极好，办事效率更高，与国内的办事效率相比，中国留学生们针对这一点的体会要更深。

我有一位朋友特别喜欢帽子，只要他认为能戴得出去的帽子，无论价格多贵都会买上一顶。通过他买帽子的经历，让我深信在西方的一些国家中，退货不需要任何理由是真实的事情，绝非江湖传说。

我的那位朋友叫费德勒，一次他去曼城的特拉福德中心(Trafford Center) 闲逛，看到一顶华丽无比的西式帽子，便毫不犹豫地花了 30 英镑购下此帽。但是在吃完一顿午餐后，他就开始后悔了。当他在街边就餐时，头上的帽子吸引了太多路人的围观，毫无疑问这顶华丽十足的帽子是真正的罪魁祸首。

他忽然意识到如果戴着这顶帽子返回校园，是否要比此时更拉风，以至于日后都无法出门了。经过认真考虑，他认为这顶漂亮的帽子除了在节假日出行时能够炫耀一番，似乎就没有什么机会和合适的场合能戴了，于是有了退货的念头。

真的退货吗？当他想到退货时，忽然感到也许会很麻烦。但是花费 30 英镑购买这顶帽子时，自己的确属于冲动消费，无奈之下他只好硬着头皮去试试。

走在退货的路上，他想出了一堆退货的理由，认为足以能够搪塞店员的询问了。等到了该品牌的连锁店后，费德勒告诉服务员想要退货时，该服务员居然表现得很平静并且什么原因都没问，当场就为他办理了退货手续，只向他询问是退还现金还是将款打到银行卡里。这让费德勒首次享受到了因退货而带来的轻松感。

后来他通过服务员的进一步介绍才知道，在英国像这样的连锁店，只要顾客保留好购物凭证，无论在哪家连锁店都可以实现无理由退货！

当费德勒把此事讲给我听时，我甚至有些怀疑其真实性，直到合租的室友买了面包机又退面包机的事情发生后，我才真正相信了在国外退货不需要理由是真实存在的。

当时面包机在国外很流行，中国留学生们也受到了其影响，主要的原因在于它既能省钱又能节省时间。

一天，有位室友兴致勃勃地买回了一台面包机，忽然发现首次使用中就把面包烤焦了一面，经过几次尝试结果都相同。于是他一怒之下就开着车退货去了。很快他就换回了第二台面包机，但还是会出现面包烤焦的现象，这回那位室友不知所措了。思前想后仍搞不明白原因，于是再次驱车前往柜台进行咨询，原来这款面包机需要两片面包同时烤，若只烤一片面包，就会出现烤焦的现象。

现在你一定明白面包烤焦的原因了吧，原来是我的那位室友自己使用不当造成的烤焦现象。但是该商场的售货员并没有向我的室友提出任何质疑，仍然帮助他调换了商品，这就是可贵之处了。

这让我对无理由退换货产生了极大的兴趣。毕竟在国内，无理由退换货仅是商家的一种促销手段而已，真正的无理由退换货我们还从未体验过。

2012 年在我回国时和朋友一起去逛一家大型超市，终于发现在其化妆品区有一家专柜很自信地打出了这样的口号——本专柜可享受无理由退换货！

真不容易啊，国内商家居然也能如此运作了，这让我激动不已，赶忙上前探个究竟。我微笑着问："您好，咱们出售的化妆品是否真的可以做到无理由退换货？"

服务员彬彬有礼地回答我说："呵呵，当然不能。退换货要在购买后一周内，并且还不能影响二次销售的情况下才行。"

"那么，什么情况才算不影响二次销售呢？"我故作不解地问。

"要票据完整、包装不能破损、分量不能减少、不能有使用过的痕迹，以及其他有可能会增加销售难度的情况出现。"服务员流利地回答着，显然早已对此问题做了充分的准备。

事实上，这就是所谓的"解释权归商家所有"。与其说它是对消费者的一种承诺，还不如说它仅是一种促销手段而已。

来自匈牙利的一位留学生听说我对"无理由退换货"十分感兴趣，便坦率地用中文对我说："在匈牙利，你可以一辈子只买一双皮鞋。"

听到这话，我惊讶得简直是丈二和尚摸不着头脑了。

她告诉我在匈牙利皮鞋有一年的包换期限，快到期限时，你只需要去换一双新的就行。当然，皮鞋本身的质量是绝对没有问题的，否则商家也不会那么自信。虽然人们可以选择这么去做，但是没事找事的人毕竟是少数。商家能够在顾客的脚后跟磨损和鞋底有磨痕的情况下，尊重顾客的选择，令我不得不佩服匈牙利皮鞋企业的雄厚实力，以及良好的企业文化。

5F
4F
3F
L2→L4

第三章 开始学习生活

从零开始学英语

在漫长而紧张的期待中，录取我的大学终于开学了。第一天，在朋友的引领下去了大学指定的“留学中心”报到。在经过了填表、登记、申请学生卡等系列环节后，到被录取的系院去报道，并将护照的首页复印件和相关学历证明一并上交后，开始注册学科。

我属于幸运儿中的不幸者，幸运的是我没有英语成绩就被学校录取了，不幸的是当系教授发现我讲英语连自己的名字都说不利索时，便一纸公文将我丢进了语言学习班。

所谓的“公文”是指因为英语不过关而要先进行一年的语言学习，经校方认可合格后才能进入大学开始正式的课程学习。就如你想吃饭，必须先要学会使用进餐工具一样。所以，我要奉劝有出国留学打算的朋友们，如果在国内有学习英语的条件，最好能通过雅思或者托福的考试，以免到了国外后浪费自己宝贵的时间和金钱。

英文课可以选择在校内就读，也可以选择在校外就读，目的就是为了提高你的英语水平。我在校内的英文系上了几次课后，感觉很是浪费时间，一周只有 3 天课，每堂课只上 90 分钟，对我而言这显然是不够的，实在是无法满足我这颗莘莘学子的上进心。

在权衡了学费及交通成本后，我选择了校外的一家适合自己的英文培训中心，鉴于我的学生身份，所以学费能够享受半价的优惠，简直是太幸运了。像我一样需过语言关的朋友们在国外不必着急，国外很多大学的周边都有类似的英语培训中心，为了吸引更多的留学生，大多会给出五折的优惠价，还是相当人性化的。

但是，对于我这种分文必省、分秒必争型的特困留学生来说，每个月需交约合人民币 1 500 元的学费，依然感到自己的压力很大。尽管一周上 5 天课，每天学 3 小时，已经远远超出学校的学习时间了，但对于习惯了国内应试教育方式的我而言，如此轻松的学习方式反倒感觉不能适应了。

在不到一个月的学习时间里，已让我领教了西方的教学特色，的确是传说中的启发式教学。每天老师都是用他标准的发音给你讲类似小绵羊被大灰狼吃掉的故事，或者分组猜谜、做游戏，让学生们在嬉笑间体验学习的乐趣，最后练习文字表达和口语表达。每天这样反复地学习和测试，让培训中心的朋友们感觉十分有趣，我则急得不行，深知这种快乐学习法，无法让我在最短的时间内得到最快的成长，还是自己想对策吧！

一个月后，我除了想方设法用英语和老师套近乎外，还给自己制订了严格的学习计划。我跑到二手货商店买了一台最廉价的电视机。你猜对了！就是为学习英语而准备的。尽管是二手货，花费了约合人民币800元还是感觉价格太高，有严重的内疚感啊！

我骑着一辆没有后车架的自行车，费了九牛二虎之力总算把电视机搬回了家，迫不及待地调出本地的英语频道，让它叽里咕噜全天候地为我服务着。

除此之外，我在英语单词的学习中也给自己制订了计划——每天规定自己必须牢记50个生词。英语单词是基础，掌握的词汇越多，越有助于听力的提高。

学到投入时，我在沙发上午睡的梦中都会讲英语。室友吃惊地告诉我，我在梦中讲的英语居然要比现实交流中流利许多，而且发音很标准，还会运用很多生词，也许是梦境消除了我的紧张感，让我发挥出了真实的水平吧。

当我自认为英语水平有了很大的长进，可以独立外出办事时，才发现我对自己的英语水平的确有些高估了。

有一天因为着急用钱，我急忙赶到银行排队取钱。眼看就要轮到自己办理业务时，却怎么也想不起来取钱的“取”字用英语怎么说了。当那名柜台服务生亲切地问我有什么需要帮助时，我紧张得两手握拳，两眼直勾勾地瞪着她一句话也说不出来，心里那叫一个着急呀！“取钱”用英文怎么说？就在我们俩儿大眼瞪小眼时，我猛地想起可以用其他词来代替它，只要能表达清楚意思就行，于是我一咬牙冲着她就说：“I want money！”

话音未落，只见那名服务生突然间像见到了鬼一样，瞬间收敛了笑容，身体僵硬地靠在了椅背上，两只手缩到了柜台下面。在她严肃的表情中透着几分探究、几分疑惑、几分惊恐！之后她慢慢地一个字一个字地问我想要多少钱？

“Two hundred！”我着急地回答着。听了我所报出的金额后，她的表情明显轻松了许多，慢慢恢复了之前的笑容，随后小心翼翼地让我出示银行卡。我果断地递上了银行卡，顺利地取走了我的钱。

之后，我总感觉她对我的服务过程异于他人，却不知原因何在。晚上将自己的取钱经历告诉了同屋的哥们儿，那厮居然笑倒在沙发上，持续了一分钟后起身对我说：“只有打劫银行的人才会喊 I want money！你如同劫匪般让服务生把钱交出来，谁会不紧张啊！”

此时我才恍然大悟，自己这张标准的中国脸竟然都丢到外国的银行去了，实在是太悲哀啦！看来我的英语水平还是有待提高的。

在接下来的日子里，我更加努力地学习英语。功夫不负有心人，我虽然是那个初级班里入学最晚的学生，可是我的进步最快，不到两个月的时间，老师已经推荐我去中级班继续学习了。但是升中级班时学费也要跟着升级，我哪能承受得了啊。

于是我用磕磕巴巴的英语去向校长诉说，请求她能为我降低中级班的学费。校长是一位有着蓝色眼睛、金色头发、个子高到我需要仰视的中年女士。一见面我就给她鞠了一躬，再用我那生硬的英语向她说明了来意，大意无非是说自己多么用功，但是目前受经济条件所限资金较为紧张……那位通情达理的校长很友善地为我开出一张约合人民币 1 500 元的学费单，让我去中级班继续学习。通过我的努力，加之校长的帮助，在上高级班的时候她依然为我开出了约合人民币 1 500 元的学费单。没错！人生中有很多时候，只要我们肯于去努力争取，还是能够争取到很多机会的。

经过 6 个月的学习，加之折合人民币 6 000 元的投入，我通过了语言学习关。对于学习英语，还是能够节省更多钱的。在国外，只要是有本地人的地方你都可以找机会跟他们学习口语，外国人是相当爱聊天的，只要你肯主动与他们打招呼，他们必定会从你的名字聊到你的家乡，这也是学习口语的好办法。你在同他们的交流中会发现，很多外国人都是非常可爱和风趣幽默的。

另外，外国人的名字也是非常有趣的，除了很长的姓氏之外，还有滑稽的发音。刚到国外时，因为我租住的是单元式公寓，那幢公寓只有三层楼，所以一旦楼外有人喊话，自然是全楼的住户都能听到。当时我住在一楼，对外面的声音更是能听得一清二楚。每天一大早，都会有个人跑到我窗外大喊："拉痢疾……"而且不厌其烦地一遍遍用不同的音高、音长和音色，有节奏地呼唤着，直到三楼有个懒懒的声音长长地应一声："Yes—s—s—s……"才能停止。

每天一大早就被吵醒的滋味绝对不好受，碍于在人家的地盘上，只好苦练忍功。在无聊时，我会琢磨是什么人能叫这么牛的名字——拉痢疾！那人若是生活在国内得是个多难养的娃儿才敢起这么个名字啊！在一个风和日丽的中午，我有幸见到了这位名叫"拉痢疾"的同学。天呀！居然是位身材很棒的性感女郎，真难把她和"拉痢疾"三个字联系到一起。

慢慢地，我不断发现这幢公寓里住着很多名字古怪的同学，将他们的名字发音转换成中文汉字后，会格外有趣。如塞饱、坛巴泥、母跑、蚱蚂、墨迹等，或许这仅是两种不同语言结合后的诙谐与幽默吧。

选课是大事

选课是留学中的重要环节，我了解到太多的留学生因为在出国前没能深入了解国外选课方面的知识，更没有做好选课规划，因此他们的学业受到了很大的影响。很多人的留学时间之所以会超过预期，多和选课失败有关。

意识到选课的重要性后，就要学会选课的技巧。在倾囊相授技巧之前，我要先给大家补充个知识点，即学分制这一概念。

学分制是欧美国家大学的教育制度，我们以美国的一些常规大学为例。在美国大学中规定：学生每次修完一门课程便能得到相应的学分(一般每门主课为3个学分)，当修完足够的学分后便可毕业，至于毕业所需的学分是多少，各院校会有所不同，通常为120～140学分不等。由于采用的是学分制，美国大学所规定的毕业年限相对比较宽松，学生既可以在3～4年内修满学分后获得学位，又可在10年内完成所要学习的课程。在学分制的影响下，办理入学申请手续在时间上也是具有弹性的，有意赴美留学的朋友们，可以在每年的1月、6月、8月及9月申请入学，具体的报名时间及条件视不同学校的具体情况而定。

关于选课的技巧本人总结出四条，即成功选课四大法宝。

法宝一：密切关注重要日期，课程简介要提前读。

首先，要密切关注与选课相关的各种日期。比如学期注册日期等。一般而言，它截至开学前两个月。若等到8月份开学后你才去注册，会发现自己不仅要交迟到费，还会延误正常的上课时间。

再如课程注册截止日期。它安排在学期注册日期之后，通常会在开学后几天。

还有改课程截止日期和放弃某一门课的截止日期。需要提醒大家的是，这两个截止日期在有些学校是重合的，在有些学校是分开的。可以肯定的是这两个截止日期必定会在课程注册截止日期后的1～2周。

这些日期都是动态日期，每年都不完全相同，所以需要提前打听清楚，以免错过办理日期。

国内的大学生都住在校园里，不论办理什么手续都会有学生干部进行通知。在国外可就不同了，留学生的个人能力及独立性都很强。若是忘交学费及忘记注册均不会有人上门来督促你，错过办理时间后，计算机系统会以邮件的方式通知你，需因延迟缴费或注册而补交一定数额的手续费。因此，重要的时期完全依靠你个人牢记在心。

其次，应提前通读本学期的课程简介。因为同一门必修课的授课老师是不同的，你若能选到一名德高望重的老师授课，自然是自己的福气。但要注意，仅是通读课程简介而不是细读。理由很简单，从课程简介中教师对自我课程描述的内容里，是无法真正了解教师授课水平高低的，需要你想办法从学长处了解到之前的同学们对各位授课教师的评价。

当年的我并没有经验，仅通过认识的学生，粗略的了解到一些教授的讲课风格。

法宝二：选课不要贪多，贪多必会嚼不烂。

对贪多嚼不烂的后果我当年是深有体会的，身边的朋友们都知道我为此所付出的代价。所以，应正确评估自身的实力后再作出决定。也许你听说过，很多学校规定只有修满 12 学分的同学才会被承认是全职学生，因此你会担心自己被排除在外。

事实上，如果你觉得负担过重，完全可以申请少修一门课。只要你请教授签名，再向注册组申请备案，就能够保持全职学生的身份。与我同级的留学生中就有很多同学提交了这种申请，这样可为自己更好地学习所报课程留有充足的时间与精力，也是最佳的选择。

法宝三：选课因由简到难，跨度太大容易玩不转。

中国留学生本身需对国外的学习环境和教学体制有一个逐步适应的过程，即从容易到难的适应过程，其同样适用于选课原则。只有详细地了解课程内容，搭配好难易程度，才能够适应在国外大学的学习。

当初我一开始就选报了心理学和艺术学的专业课，就是因为没有遵循这一原则，犯了操之过急的错误。另外，如果你上课时，发现所选课程有些难懂或者并非是自己真正感兴趣的课程，你可以调换课程。在调换课程时，你就能体会到选课法宝一的重要性了，由于错过了挑选课程的最佳时间，会有些得不偿失的感觉。

法宝四：要遵循先理后文的原则。

中国留学生的聪明才智是众所周知的。因此在新学期选课时，不妨先选报那些偏数理化方面的科目，这是个能增强自信心的有效方法。当考试完毕公布成绩后，你会自豪地感到，作为一名中国留学生，真是值得骄傲啊！

随着你对留学国的文化有了深入了解，以及英语水平的不断提高，就可以选择偏人文方面的课程进行研读了。

只要能遵循以上四大法宝，就能够保证你在选课时不会有太大的偏差，但特别要注意的是对选课方式的选择。

一般来讲，在欧美国家包括网上选课和去行政办公室选课两种方式。网上选课的操作方法较为简单，但经常会出现学生扎堆选课的现象。因此，如果你选择了便捷而可能出现扎堆的方式，一定要提前进行操作。

如今身为财务总监的我，之所以会谈到选课这个问题，就是想让大家知道：只有利用好国外大学灵活的教育体制，在选课时学会下“跳棋”，才能达到高效省时的学习目的；只有充分利用好选课方式，才能在高效学习的前提下，最终达到省钱的目的。

开始上课

正式上课了，这应该是个让人激动的时刻。一方面意味着我的正式留学生涯表开始计时了，另一方面我也开始为自己能否在一个异域的国度，以非汉语教学的方式进行学习而感到忐忑不安。

在国内学习时，老师会经常嘱咐我们课前预习与课后复习的重要性。事实上在国外学习时，我们更要将课前预习与课后复习视为真理。几堂课上下来，我就明显意识到自己要想听懂全英文授课，就必须要在课前与课后将教学内容进行有效的衔接。

留学期间，课后看似清闲，实际上所授课程的进度极快，要想尽快吃透所选择的每一本教材内容，就必须要快速提高自己的阅读速度。我的经验是，阅读时要记得随手握一支笔，以方便阅读时能随时记下专业领域内的陌生词汇和技术术语。若能尝试用英语来进行阅读批注，不但能提高自己的英语写作能力，而且还能对日后的课程复习起到有效的促进作用。

你或许会担心自己的英语水平一时达不到这种要求，没关系，可灵活处理。在预习与复习时，均可参考中文相关材料来辅助阅读。但是仅能作为辅助阅读，最终的目的还应是提高自己的英文阅读能力，这样才能更多的听懂老师的讲解，吸收更多的专业知识。

我的好友珍妮在班上的学习成绩一直很好，我对她也十分钦佩。经过与她长期的接触，我发现她的听课“三宝”十分有效。用她的话说就是，要想学习好，就要有“三宝”。我就不卖关子了，其实这三宝就是录音、记笔记和发言。

第一，录音。提到录音，大家并不会感到陌生，它对我们的学习会有很大的帮助。但在国外课堂上录音，你要事先征得教授的同意才行。西方国家对知识产权、教研成果及个人隐私均采取了相应的法律保护。事实上并非是所有的老师在讲课时都会同意让你录音。由此可以看出，珍妮的师生关系搞得非常好。另外珍妮提醒我，录音很容易让我们对其产生心理依赖，在听课时让大脑变得懒惰，如果不能控制录音的频率，反倒会给我们的学习带来负面影响。

第二，记笔记。记笔记大家也都不会感到陌生，俗话说：“好记性不如烂笔头。”做好笔记就能有效掌握课程的精华，复习时也能起到很大的作用。不过记笔记也是有门道的，在听课时，若听到老师说：“This is the key which……”或是“Now，you must……”等插入语时，就意味着授课的重点内容要出现了。每当这时我便会提高警惕，生怕错过关键内容。于是，和我一样的同学们会在课后向善于记笔记的同学借来笔记本，摘抄重点。但珍妮却不同，她经常会主动向老师请教，以弥补或更正某些自认为模糊的知识点。

第三，发言。上课发言的好处就是能有机会当面与老师和同学进行现场交流、产生互动。这本身也容易引起老师对你的关注，对你今后的学习、考试都是极有帮助的。可惜的是，中国留学生在课堂上主动发言的人并不是很多，这可能与我们很难克服语言上的障碍有着直接的关系。

珍妮来自香港，之前她接触老外的机会较多，虽然同为亚洲人，她却轻而易举地成为我们在课堂上羡慕的对象。这要归功于她儿时的生活环境，轻松地就帮她过了语言关。因此，在许多方面她的优势都会显得非常突出。

其实发言本身就是一种交流，只有交流才能达到互相学习的目的。如果能大胆地说出自己的想法，慢慢克服自己的恐惧心理，学习成绩必然会有明显的提高。

国外的教学氛围明显不同于国内，它更加轻松、自由和民主。无论教室里有多少人在听课，只要你有疑问，只要你肯举手，老师都会非常愿意与你进行沟通和讨论。争论问题在国外的课堂上是常见的现象，华人留学生若想参与争论，就要克服恐惧心理、抛开颜面，那样才有机会加入到问题的讨论中。

此外，有些课程的学习需要学生相互配合。此类课程在授课的过程中会有实践型实验，能够很好地锻炼留学生的研发、策划、协调与沟通能力。

国外的课堂气氛总是十分活跃的，虽然每所大学的情况可能会稍有不同，总体而言相差却不大。

我记得自己在读书时经常会关注一些留学生的杂志、论坛及网站，它们对我的学习和生活都有很大的帮助。在此愿意将其分享给朋友们，希望也能对大家有所帮助。

首先是《留学生》杂志。它由欧美同学会（中国留学人员联谊会）主办，团中央《中华儿女》杂志社协办，是目前中国留学领域内最具权威性、指导性和服务性的专业期刊。它面向广大留学人员，是服务于有志出国留学的青年及其家长们的专业读物。

其次，是海外留学生论坛、威久留学网、533 留学网等。

事实上，各国都有针对性很强的留学网站，通过搜索就能浏览到该国留学生的博客，朋友们可通过阅读他们的博客，了解前辈们的留学经验。

考试周、作业与学期报告纷至沓来

在经过一个学期紧张的学习之后，考试周如约而至。

考试周对所有的留学生来说，其意义都是非同寻常的。鉴于国内外教育体制的不同，以及对考试测评的方式不同，考试压力的大小会因人而异。无论如何，考试终究是检验每个学生一学期收获的重要指标。

我对考试周的恐惧至今仍记忆犹新，因为我所就读的大学规定，学生没有补考机会只能重修学科，即重新学习未通过的科目！对我而言重修学科，就是对时间和金钱的双重浪费。因此，我将留学阶段的考试周视为我的命运周。

留学生所要面临的考试形式主要包括大小考试、作业、习题、书面及口头报告等，每位授课老师所采用的方式会有所不同。

占成绩比重最大的是期中、期末两次大考，因其成绩比重会占到整个学期的60%以上。因此与大家所熟悉的国内考试一样，在这两个阶段学生大都是夜里挑灯苦读，大都会紧张得顾不上出门，全身心地投入备考状态。

此时，各大图书馆更是人满为患。尽管平常图书馆也显拥挤，但绝对不像备考期间这般火爆。每天早上不到8:00，我便会加入等待开门争位的大军行列。好在我居住的辖区内有个较大的图书馆，一到考试周我便会整日在那里度过。

平常我总是被大家称为“夜猫子”，加之不分昼夜地复习，夜猫子也终于搞乱了自己的生物钟。考试周期间我的压力是非常大的，因为失败的后果会很严重，所以那是我绝对承受不起的。

在此需提醒大家在考试前要问清楚各种细节，如考试的形式、内容和范围等。此外，对中国留学生来说，更应问清除是否能够携带《汉英词典》或《英汉词典》进场作答。

如果感觉某两科考试之间的间隔时间太短，可事先向老师提出申请，调整好时间。但是无论如何你都应在考试周前对所考科目进行全面复习，否则在考试中你会感到时间不够用。

在重压之下，第一学期的考试便给了我前所未有的紧张体验。考试成绩公布后，我却迟迟不敢打开学校的网站查询自己的成绩。后来还是在朋友们的鼓励下，才硬着头皮看到了自己的成绩终于达到了预期，尽管不够优秀，总算得以艰难过关，心中别提有多高兴了。

再向大家介绍下留学生的作业情况。针对留学生而言，不同学科有不同的作业形式。大体而言，数理系、商学系的作业会以计算题、应用题为主，只要上课用心听讲，再参考教科书及笔记，或跟同学、老师进行讨论，这类作业题是不会难倒有心人的。我本身攻读的就是理科，或许你会认为我站着说话不腰疼。人文社科系的作业形式，通常为指定阅读和书面报告，该类作业偏重于评论、分析和表达，读文科的学生会比较擅长这类作业题。

我个人认为最难完成的作业形式是口头报告。

难点在于你要在教授及其他同学面前用英文作报告，对于英语底子薄的同学而言，心里会没底。技巧为：你所拟定的文稿条理要清晰，语言叙述要流畅。当然在作报告时，你有可能还会经历当堂被师生质疑的情况，那么你必须学会提高心理承受能力、克服紧张感、集中精力解决质疑。尽管如此，只要你准备充分，胜算还是很大的。你完全可以找其他同学帮忙，搞个事前演练，一遍不行两遍，一个人不够，可以多找几个人。当年我的做法是，找了一屋子人练习了三天，终于最后在实战中得以顺利过关，其代价为请所有的参与者喝了一次德国黑啤。

关于学期报告，它很像我们针对某个问题撰写的一篇论文，只是你要撰写的内容为：针对本学期你所学的专业课程内容的一份研究报告。我当时并不懂得如何去写，加之课余时间经常需要外出打工，准备时间不足又缺乏经验，于是从教授处索要了一份报告样本进行参考。

虽然参照样本，就可轻松依照其规定来进行报告的撰写了。但是对于学期报告，我曾听说过一个严重的侵权事件。

曾经有一名留学生在写学期报告时，因其大量引用了他人的著作内容而未逐一标出，被著作权人发现后告到了校方。后因该留学生的个人认错态度较好仅给予了处分，幸免于退学噩运。

鉴于此，我将内心的疑问或意见积极地与我的导师进行了沟通，一方面可增加我的印象分，另一方面对我的报告进行整体上的修改起到了决定性的作用。

学期报告的审核标准是什么呢？我以过来人的身份告诉大家：学期报告首先要注意内容，其次才是修辞手法。因此，只要文法正确、主旨突出、语言连贯并且表述清晰明了，就能顺利通过审核了。

教材省钱有绝招

很多留学生都会忽略一个消费中的问题，就是购买教科书。国外教科书的价格非常昂贵，我所学专业课中的一本《税法》教材，折合人民币就需一千多元钱。在惊叹之余需要考虑的是，教科书如此昂贵，若被动地跟着学校的教学节奏购买教材，自己要额外付出很多费用。

那么如何才能在教材上做文章，省出不必支付的额外费用呢？这的确需要借鉴过来人的经验了。我摸索出七种省钱的绝招，愿在此与大家一同分享。

第一，尽早注册新学期的课程。

国外大学是以循环模式进行教学的。有些专业课，同一门课、相同的内容每天会安排不同的上课时间，分别在早中晚三个时段进行讲授，这样学生们就可以根据自己的时间安排选择听课时间。我当时就读的学校就是如此。

注册课程后，便可以根据课程内容选择授课教授采用的教材版本(不同的教授采用的授课教材不同)，哪个版本的教材价格低些，就可选择哪个版本的教材，然后记好该课程的上课时间即可。

第二，需在第一时间直奔书店。

要知道，不只是你一个人能够想到去书店买教材，所以，选好各门课的教材后，必须尽快去书店进行购买。借助书店的查询系统或工作人员的帮助，找寻所需版本的教材。如果书架上暂时无货，要尽量问清到货时间。

第三，锁定图书馆，短期租借。

一般情况下，校内图书馆和学校周边的公立图书馆也会有你所需的教材。尤其是校内图书馆，很多学校的教授为了能给学生的学习提供方便，会对一些教材给出特殊标示——短期出租，以便于学生租借。

当然，租借图书同样是以速度决定成败的。与我们同期使用的留学生可能会有十几个人或几十个人。我曾一度因为没有抢到供租借的教材而给教授发邮件，向他咨询是否会有多放几本教材以供租借的可能性。如果你的运气好，这招儿也能奏效。

第四，网上淘书。

如果在图书馆没能租借到书，还可到网上去淘。一般情况下，但凡能在网上淘到的书，其价格多半会低于该书的原始售价。另外，即使没能获得纸质教材，在 iChapers 或者 Safari 网站上也可买到电子版的教科书，其售价约为纸质图书的 50%。若是出版年份久的文学著作已不再受著作权保护进入了公共领域，便可直接下载使用了。

第五，在二手书店淘书。

相对网上淘书而言，二手书店的教材价格会稍微贵些，但因为在网上购书还要另外附加快递费用，综合考虑购买的价格也就相差不多了。另外，在二手书店里你能第一时间看到书的真实情况，减少了选购风险。如果你与书店老板的关系好，还可与其建立长期的合作关系。

有一年我因为回国探亲，错过了开学前买二手书的最佳时机。更糟糕的是，所要学的管理会计专业课，已经开课一周了，而《管理会计》一书我却依然没能买到。

情急之下，忽然想起之前经常光顾的一家二手书店。于是我急匆匆地跑到那家书店，搜索了许久之后，在一个不起眼的角落，发现了一本《管理会计》正安静地躺在那里。查看了其版权信息后，恰巧是我上课所要用的教材，顿感喜悦之情无以言表。

第六，一本书两人用。

一本书两人用，一方面可以提高学习效率，另一方面也能节省不少书费。前提是你需要有个相处融洽的室友，并且两人的学习时间不会发生冲突。

第七，卖旧买新。

所谓的卖旧，是指卖掉自己的旧课本；买新自然是买你所需的新教材。

在许多大学的校园内，都设有信息栏和公告栏，栏中经常会有人贴出买书或卖书的信息，你不妨利用这个公共信息平台，将自己的买卖进行到底，它可为你节约不少的资金。

也许很多同学会认为这些策略远不及向他人借阅，然后将其复印那么划算。你可千万别自作聪明，向其他人借课本进行复印，这在西方的很多国家是属于违法行为，因为国外对知识产权的保护意识非常强。

如果你有一天去某个国家留学就会发现，校园内张贴的警告学生不得私自复印教学材料的告示随处可见。因此，莫要因贪小便宜而触犯法律。

申请奖学金为自己减负

对于每位留学生而言，能够解决个人的财政问题是非常重要的事情。否则，每年定期爆发的缺钱恐惧症，就会像瘟疫一样蔓延。那么，如何有效地解决留学期间的财政问题呢？对于像我这样的穷学生来说，申请到奖学金不失为是一个最好的策略。奖学金就像是从天上掉下的大馅饼一样，不但能满足自己的虚荣心，而且还能为自己省下很多的留学费用。

可是天上并不会轻易地掉下个大馅饼，因此申请奖学金也并非是件容易的事，个中的甘苦真是一言难尽啊！但并不是说它高不可攀，只要我们肯开动脑筋，掌握一点儿小诀窍，加之努力学习，平时能够与老师搞好关系，这个看似“天上的馅饼”还是能够吃到嘴里的。

为了能够申请到奖学金，我可谓是费尽心思啊！上网、去图书馆、请教身边的同学……运用各种方法研究如何能够成功申请到奖学金。为此，我花费了很多的精力，仍然毫无头绪。

无奈之下只能求助于一位老同学。这位老同学对我说：“你可真笨呀，早该向我咨询了。要知道我可是美国名牌大学的研究生啊，这书可不是白念的！在申请奖学金方面，我还真能为你支几招。”

“真的吗？怎么从来没听你说过呢？”我迫不及待地问。

他笑着说：“我以为你家里条件好，用不着申请奖学金呢？”

“家里条件再好，也得靠自己吃饭啊，不能什么都靠父母，何况哥们的学习成绩也不差，若能得到奖学金那该多有面子呀。快点告诉我怎么申请，到时我请你吃大餐。”我按捺不住兴奋的心情，使劲催促他说。

经过他的指点，我终于了解了申请奖学金的具体方法。

通常来说，申请奖学金时你得先了解奖学金的种类。国外的奖学金跟中国的不一样，中国的奖学金大多是奖给全优型学生的，说白了就是你得学习成绩好才有机会得到奖学金，否则只能靠边站。而国外的奖学金种类很多，提供款项的机构也不同，有基金会、教育机构、企业、社区、私人捐助等，不同机构所提供的奖学金的用途也各不相同。

美国是经济大国，因此颁发奖学金的数额在各个国家中也是最多的。

中国赴美留学生通常申请的有全额奖学金、一般奖学金、全免学费、助研金与助教金等。

全额奖学金可以免学费、免杂费、免住宿费、免保险费、免书本费，甚至还会奖励你一些零花钱。如果能申请到全额奖学金，你就可以不用打工了，只需专心读书即可。但是，申请全额奖学金的竞争异常激烈，申请到的难度很大。通常除了检测非英语为母语者的英语能力考试 (TOFEL)、美国研究生入学考试 (GRE) 或经企管理研究生入学考试 (GMAT) 的考试成绩要好以外，还要提供在国内的学习成绩、GPA、推荐信和读书计划等。总之，你要想拿到全额奖学金，就必须要全面优秀。

一般奖学金也是要注重成绩的，它虽不像全额奖学金那样只有一种形式，一所大学有可能会设置几种甚至几十种不同形式的奖学金，你可以同时申请两种以上的奖学金。其具体金额会随各学校具体规定的学杂费的高低而有所不同。与全额奖学金相比，申请到一般奖学金的成功几率会高很多。

全免学费是在非服务性奖学金中最容易申请到的一种奖学金类型，但由于学费只是学习总花费中的一部分，所以你在获得全免学费后，仍可以申请其他类型的奖学金。

助研金与助教金。绝大多数的美国高校研究生院都设有这两种资助金。申请到助研金的同学要帮老师干活。换句话说，就是老师要想研究某个项目或课题时需要打杂的人员，那么你会成为打杂的人员；助教金则是辅助教授做一些本科生或者低年级学生的教学工作。这两种资助金每申请一次只提供一年的额度，第二年是否还会提供给你，要看你能否达到要求了。

但是，美国大学设置的奖学金，很大一部分都会分配给本国的学生，只有一小部分会分配给国外的留学生，所以获取奖学金的竞争是非常激烈的。但中国留学生的实力很强，很多人都能得到全额奖学金。

了解奖学金的分类以后，我更关心的是申请奖学金时所要具备的条件。引用老同学的一句话便是“要想登山先开路，要想收获先种田。”你要想得到这奖学金，你就得先学会申请。一般来说，申请奖学金从第一次发信函联系到正式得到，往往要花 6 ～ 10 个月的时间。一听说需要这么长的时间，我就有点儿发憷，但是为了节省腰包里的资金，再难也要努力去争取。

要申请奖学金，首先你需具备出色的能力，也就是说个人“硬件”一定要过关。这一点我对自己还是蛮有信心的，否则也不敢轻易去尝试。这个“硬件”主要体现在语言和学习成绩上。当时我的同学在申请美国奖学金时，他的托福成绩在 600 分以上，GRE 成绩在 1 200 分以上，本科平均分 GPA 也在 3.0 以上，曾经还发表过论文。正因为其自身的条件非常好，他才有资格申请奖学金。

除了硬性指标外，个人的综合素质对于申请奖学金的成败也起着决定性的作用。在同等条件下申请奖学金时，校方会考查你的实践能力和科研背景。在申请资料中应重点突出自己的学术活动、科研能力、协作能力等方面的优势，并与导师建立良好的关系。

不要轻视与导师的关系，它对你自身的发展起着重要的作用。曾听说过这样一件事，它对我的触动很大。有一位同学因为英语水平不高、申请材料上也未能突出自身的优势，学校对他申请奖学金一事，最初持拒绝的态度，但是他确实需要奖学金。好在他很勤奋，而且做事十分执著。那时他与一位搞学术研究的教授关系很好，该教授在学校里知名度很高，而且他也非常喜欢这个机灵的小伙子。在校方持拒绝态度后，该学生去求助于那位教授，于是那位老教授给学校写了一封推荐信，并说服了审核小组的成员，还为他提供了参与课题研究的机会。正是在这位老教授的帮助下，校方终于破例给他颁发了奖学金。通过这个事例，让我更加坚定了自己的信念——不要轻易放弃任何一件事，要坚信每个人都会有成功的机会。

虽然在申请奖学金时校方会非常注重个人的实力，但是不同专业的申请条件差别很大。像商科、医学、市场营销、艺术、计算机、信息科学等热门专业，在申请奖学金时不但要求你的专业成绩要好，而且还要求你具有较高的综合能力。

值得庆幸的是，就读相对冷门一些的专业，获得奖学金的机会能大一些。

最后以我同学为例，介绍下申请奖学金的具体步骤。他当年先参加了 TOEFL、GRE 考试，然后在入学的前 8 个月联系好了大学。联系到学校后，发了第一封索函。索函的内容包括：详细的回邮地址、所修学位及专业、拟入学时间(学期)、入学申请表与奖学金申请表，同时向校方提供了自己的简历及 TOEFL 和 GRE 的考试成绩。

之后他着手准备申请材料。整套申请材料的内容包括：校方寄来的入学申请表、校方的各种奖学金资助申请表以及财力证明表、TOEFL、GRE(GMAT) 成绩单、2 ～ 3 封教授的推荐信、两份中英文双语学习成绩单、个人简历以及学历证明等。填写申请材料时千万不能马虎，尤其要注意单词的拼写不得有误，否则会影响申请结果。因此，在寄出你的申请表前，一定要认真检查，以确保填写的内容无误。

不要以为申请完了就没事了，在寄出申请材料后还需要经常与校方保持联系，以确定所递交的材料是否齐全，申请程序是否已经完成，能否获准奖学金资助……直到最终得到确切的回复为止。如果你把自己的申请材料寄出后，就不再与校方保持联系了，那么很有可能会因为缺失某份材料而错过申请机会。因此，你在递交申请材料后要多与校方保持联系，以确保能够申请成功。

当评定结果出来后学校会通知你，主要是以书面信函的方式通知你。在该信函中会写明资助你的金额有多少，以及资助金是否能包括全年的总消费，并要求你尽快作出是否接受奖学金资助的回复。如果资助你的不是全额奖学金，校方还会通知你通过其他方法来补足费用。这时你应马上回复是否找到了其他资助来源，如果没有其他资助来源，可以继续要求校方给予全额奖学金资助。假如校方已授予你奖学金资助，必定会认为你在学业上是十分优秀的，他们不会轻易让你因支付不起学费而放弃深造的机会，校方会尽力满足你的要求。

总而言之，你想要获取奖学金，必定离不开天时、地利、人和，你需要处处做一个“有心人”才行。

与师为友

在国内读书时，因为能时常得到老师的帮助，使我收获颇丰。他们不但是教给我知识的老师，而且有些老师还会成为我生活中的朋友。曾有两位特别好的老师，至今我们还一直保持着密切的联系。

在国内我体会到了与师为友的幸福感，于是我将这份美好的感觉一起带到了海外求学的日子中。留学期间，我在课前课后经常会与老师进行交流，这已成为我人生中一种重要的学习方式。

丹尼是教我金融基础课的老师，由于我课余时间在一些公司做财务方面的兼职工作，所以听他讲的课我会格外用心，与他的沟通也会更多些。因为我的学习态度积极，加之在实际工作中遇到的问题针对性较强，又都是些迫切需要解决的问题，他通常会先了解我自己的想法，然后再给出他的建议，通过与老师的交流让我更好地理解了所要学习的理论知识。后来虽然没设他的专业课，但是我遇到实际问题时，仍会通过邮件或预约的方式与他保持联系。直到今天，我们依然保持着联系，成为非常好的朋友。

可以说与老师的交流更像是在工作中与同事之间的交流，尽管老师们对待学术的态度非常严谨，但是在与老师的沟通中你能体会到轻松、自由、热情与关爱。

我的好友珍妮与老师相处得就非常好。她认为在国外留学时师生间除了教学关系以外，更多的应是生活中的朋友关系，相互沟通、相互了解、相互帮助。尤其是在系里聚会的时候，老师就像我们的朋友一样。珍妮甚至不认为自己是幸运的宠儿，因为有很多老师都非常关心留学生的日常生活，有时还会为留学生购买日常用品。

看来只有平等、自由的教育体制，才能得以建立这样健康的师生关系啊！

千万别误以为在国外与老师交往可以很随便，如果你无法理解预约是与其交往中重要的礼节之一的话，你根本无法与老师成为朋友。毕竟老师们都很忙，即便是与你再熟悉的老师，如果你没有提前与他预约就登门拜访，那么就是非常不礼貌的行为。

虽然预约很重要，但守时更重要。如果你以彼此关系非常好而作为迟到的理由，你的形象会在老师们的心中大打折扣。

另外，不同国家的老师也会有着自己不同的宗教信仰。所以在日常交往中，一定要学会理解和尊重他们。否则，不注重小细节就有可能会引发大问题。

图书馆——最省钱的学习环境

图书馆是很多留学生喜欢光顾的地方，除了可以借阅到正在学习的教材，还有机会看到更多与教材相关的扩充知识读物。一方面能对所学课程有很大的帮助，另一方面还能节省许多购书的费用。

当时我选择了一家离住处最近的 24 小时图书馆，在那里办了个借书证。这家图书馆非常人性化，不收取工本费和押金，只需出示有效证件便可申办一张磁卡，卡内记录着你的基本信息，每次借书时刷一下卡就可以了，非常便捷。该磁卡不但可以在当地的任何一家图书馆借阅图书，而且还书时不必到原借书的图书馆去办理还书手续，可在当地的任何一家图书馆还书，非常方便，真是既省钱又省力！

虽然我所就读的大学里也有图书馆，但是学校图书馆通常只开放到晚上22:00。由于学校图书馆关门太早，我一般会去24小时图书馆学习。那里的学习气氛更浓，没有人闲谈，都是埋头苦读的学生，很多人是在那里准备报考更高的学历，以便能继续深造。

之所以我会选择24小时图书馆，是因为晚上几点去都可以，在时间安排上可以比较灵活。我每天在打工后去那里，可以先在桌子上趴一会儿，缓解一下疲劳后再学习。那里的环境十分安静，不像有些图书馆总会有些杂音。如此安静的环境，对于一个想学习或休息的人而言，简直是最好的选择。

该图书馆不算大仅有三层楼，但书却不少，各种类型、各语种的书都有。但中文书并不多，只有两个书架，与书籍摆在一起的是各种影碟，大多是港台电影和电视剧。

在闲暇时我也会挑选一大堆小说或港台的影碟，拿给管理员去登记。管理员麻利地登记后，会给我一张打印单，上面记录着我所借的书和影碟的名称，以及需返还的日期。通常情况下，影碟的最长借阅期限是 7 天，书籍是 15 天。如果到期未还，就需缴纳一定的罚款。

随着时间的推移，我对当地的图书馆有了更深入的了解。我发现很多当地的中学生在放学后一般不会马上回家，而是先到图书馆去做作业。在国外，老师授课的内容并不拘泥于课本中的知识，有很多内容课本上是没有的，学生在做作业时需要查阅其他书籍，或者上网去查找资料。此时的图书馆便成为孩子们的“第二课堂”，从小就能锻炼孩子们的自学能力。因此，当地的中学生们十分擅长利用图书馆里的资源，这一点在国内是很少见的。

起初我对图书馆只有借书、上自习的概念，经过一段时间的观察后我发现自己低估了图书馆的价值。在国外，很多图书馆不仅是学生们自修读书的首选之地，还蕴藏着大量的信息与资源。如果好好利用，能为自己的留学生活增添很多意想不到的收获。

我选择的那家图书馆，除了能提供借书和学习场所之外，还为学生们提供了最佳的小组讨论地点。若想讨论问题，可以去允许讨论的公共区域；如果想找个环境好的地方讨论问题，可以去图书馆内的咖啡厅；如果想要找个清静的地方，还可以开设一间小组讨论室。图书馆会竭尽全力地为学生提供环境良好的讨论场所，给学生提供更多的帮助。

该图书馆还有你意想不到的功能。图书馆内设有写作中心 (Writing Center) 和学生成功指导中心 (Student Success Center)。写作中心是为帮助那些为写论文而绞尽脑汁的学生们开设的，可辅导学生修改论文，为其提供指导思路；学生成功指导中心则是为学生提供全方位的信息指导。例如，当你感到写论文有困难时，可以先去写作中心寻求专业教授或助教的帮助，然后再去学生成功指导中心和那里的老师进行心理沟通，以缓解自身的压力。

作为政府机构的一部分，国外的公共图书馆也是重要的社会公益机构，可代表政府对弱势群体传递关爱。此类关爱，不仅体现在对乞丐和无家可归者敞开大门，还体现在通过组织各种活动来提醒社会应该关注病患、智障、犯罪受害人、新移民等弱势群体的处境。比如说，美国一些图书馆的大门是对“所有人”敞开的，如乞丐和无家可归者。他们都可以进图书馆，尽管某些人不太注重个人卫生或表现出怪异的行为。这一政策的背后更多地体现出了美国宪法中“人人生来平等”的理念——每个人接触信息的机会和享有阅读的权利等方面都是平等的。

当然美国有一些大城市，比如纽约、旧金山、芝加哥、西雅图等，这些大城市中的公共图书馆，同样会面临着如何处理与无家可归者之间的关系问题。

新泽西州就曾发生过这样一件事：1989年，莫里斯敦有一个名叫理查德·克雷默的流浪者，总是在当地的几家图书馆里寻找落脚点。因为这家伙看上去的确很邋遢，行为也不检点，因此当地的公共图书馆在无奈之下针对他出台了几项规定。比如，不得骚扰他人，不得尾随他人，不得大声喧哗影响他人，不得赤膊赤脚，不得脏到对他人构成冒犯等。如果违反了这些规定，就会将他赶出图书馆。

此规定当然也是为了保护其他的读者，但是当理查德·克雷默被图书馆赶出去几次后，他觉得图书馆侵犯了他的权利，并且给他带来了痛苦和伤害。于是他在1991年把该图书馆告上了法庭，最后法庭判决理查德·克雷默胜诉。图书馆应不服再次上诉。1992年，这场说大不大、说小不小的官司一直打到了联邦第三巡回法庭，最终以图书馆被判无过错而告终。

虽然这场官司最终以图书馆胜诉而落下帷幕，但这一案件为所有图书馆敲响了警钟，即无论身处哪一阶层的人，图书馆都不能轻易将其拒之门外。

"万人迷"失踪之谜

那年在圣诞节来临之际，校园内顿时热闹非凡。大家互赠礼物，互道祝福。新年伊始，我和许多华人留学生一起，在节日欢乐的气氛中互相拥抱、互相鼓励。

艾丽斯是一名来自伦敦的留学生，经过一年的交往，我们彼此熟悉起来。她是个人缘极佳的女孩，所有见过她的人都会很快成为她的朋友，很多华人留学生都称她为“万人迷”。但是，在这个欢乐的节日里，平日最为欢快的艾丽斯却没了踪影，大家都感觉万分惊奇。

一周过后我们仍不见她的身影，难道是失踪了吗？这可把大家都吓坏了。我劝大家别太担心了，她是个聪明人应该不会出什么问题的，也许她只是回伦敦看父母去了。

大家都知道她要等到明年才毕业，所以一致认为过段时间她就会返校。然而一个月过去后，她仍然没有回学校。难道真的是出了什么意外吗？大家都认为艾丽斯不可能一声不吭地就消失了，若真是如此的话，那么她第一年的课程就都白修了。

于是，我们赶紧将此事告诉老师，试图通过校方所登记的个人资料与她进行联系。找到联系方式后，我们给她打电话却无人接听，发送电子邮件也未能得到回复。因此，大家感到心中很是不安。

又过了一周，和艾丽斯熟悉的几位朋友同时收到了一封求救邮件，内容大至为：我在回家的途中遭人劫持，现在伦敦，急需您提供 1 000 英镑为我赎身。因为事发突然，我不想让太多人知道此事。在该邮件的落款处还注明了银行账号、收款人等信息。

与艾丽斯最为亲密的朋友罗琳收到邮件后，立刻哭了起来，她无法相信只有在电影中才会出现的事情居然发生在自己的朋友身上了。我听后则觉得事情十分蹊跷，因为这么久才写来求救信，时间是否长了点儿呢？但罗琳宁可相信它是真的，可能 1 000 英镑对她来说不算是什么天文数字，更有可能是她的理智早已输给了情感。

经过反复思考，我们找到了平日里与艾丽斯熟悉的其他几位朋友加以求证。果然不出所料，确实还有其他三名同学也收到了同样的求救信。由此，我们可以断定艾丽斯不想让更多人知道此事正是害怕事情会败露，所以才故意提醒收件人的。

或许这个万人迷的艾丽斯正是混杂在校园内的一位行骗高手，她长期以此为诈骗手段，不断地谋取他人的钱财。

害人之心不可有，防人之心不可无。看来外国的骗子也不见得就会比中国少。只有加强防范意识，保持理智的头脑，才不至于使自己钱包里的钱轻易被蒸发掉。

第四章

课堂外的五彩世界

捞到 1 500 元小费

在国外的生存压力与日俱增，当一切准备就绪后，我选择了一份餐厅的工作。虽然只是兼职，但是到手的钞票对当时的我而言，恰如不断在中数额不等的彩票。

那时我在当地的一位老华侨开的一家中餐厅打工，餐厅的装修风格是典型的中式风格。餐厅的门口挂着两个大红灯笼，屏风上刻着盘龙，墙壁上贴着传统的中国字画，到处都能透露出中国的文化气息。我第一次来到这家餐厅时就是被其氛围所吸引的，它让人有一种亲切、温暖的感觉。

餐厅共有三个大包间，大厅可同时容纳二十几张桌子以供客人用餐，经过大厅后，还有一个中厅可容纳十余张较大的餐桌……整个餐厅的占地面积足有 700 平方米，餐厅外的停车场面积就有 3 000 平方米，其规模可真不算小呀！

餐厅离我的学校只有十几公里的路程，开车仅需十几分钟就可到达，这对我来说真是再合适不过了。最初我是晚上上班，因为晚餐客人较多。但是不久以后，残酷的生存压力让我不得不在白天也要去那里打工挣钱，以维持自己的生计。反倒是兼职打工变成了我的“主业”，而学习则更像是我的“副业”。苦撑了一段时间后，我的好运气也随之而来了，获得客人的小费成为我主要的收入来源。

试想，一名服务生如果不是在较大规模的餐厅工作，获得小费这种美事，似乎永远也轮不到他。在国外中等规模的餐厅，就能让服务生得到不错的额外收入。同样都是在餐厅打工，所享受的待遇却会有天壤之别，使你不得不承认，人与人之间存在着很大的差距。

还是来说说我自己的故事吧。

我所在的这家餐厅，客人会根据对服务生第一印象的好坏和服务的质量，来支付数额不等的小费。一般大多数本地的就餐客人会将消费金额的10%作为小费，铁公鸡一毛不拔型的客人当然也有。但是作为一名服务生，应具备起码的承受力，机会总会眷顾那些做事利落、服务周到的服务生。

终于有一天，好运降临到了我的头上！

有一对经常光顾这家餐厅的老夫妇，尽管他们每次的消费额折合人民币为200元，却给了我折合人民币大概100元的小费，我自然是诚惶诚恐。此后，他们每次来餐厅用餐后都会给我很多的小费，时间久了我才知道其中的原因。原来他们是武打巨星成龙 (Jack Chen) 的忠实粉丝，并且认为我长得很像成龙。其实，我个人认为自己要比成龙大哥帅很多。但是，看在他们给我这么多小费的份儿上，我时常会摆几个漂亮的武打姿势给他们看。

此后他们每次来用餐时，进门就会叫我 Jack Chen，并指定我专门为他们服务，当然这能大大地满足我的虚荣心。因此每当这对可爱的老夫妇来用餐时，其他的服务生都会既羡慕又嫉妒地对我说："你的粉丝又来看你啦！"有一天，他们终于忍不住想向别人炫耀一下自己认识的一名极其像成龙的中国男孩，居然要我以"成龙的名义"给他们签名。好家伙，当时的我简直是受宠若惊，我根本不知道成龙签名是啥样子的！左思右想后，我只能将自己的大名龙飞凤舞地签到了他们精致的笔记本上，所幸的是居然把两位老人家哄得十分开心。

还有一对姐妹花，她们也会经常以吃饭的名义来看我。两位姐姐的胃口实在很大，仅是那一身健壮的肌肉就能令我无地自容。如果她们两人并肩站在一起，我是绝对无法从两人中间穿过去的，你能想象得出她们有多彪悍了吧！

和那对老夫妇一样，每次她们来用餐都会指名要我为其服务，而无论我服务得周到与否，她们都会犒赏我高额的小费。

尽管她们只是我众多的粉丝之一，但如此出众的块头，通常会让其他服务生们一致向我投来同情的目光。或许，他们认为我多少有些出卖了“色相”之嫌吧。需要澄清的是，我仅是个一贫如洗的中国留学生，我赚的只是地道的辛苦钱！

看似简单的服务生工作，其实并非像你想象中的那么轻松。在这家餐厅做兼职服务生，老板是按小时支付薪水的，通常每个小时只付折合人民币 5 ～ 8 元的薪水 (需根据你在餐饮业的工作经验支付)。也就是说，如果餐厅一天没有客人吃饭或者没有客人给你小费，假如你工作了 3 个小时，那么你的收入就只有折合人民币 15 ～ 24 元。但是全职服务生就完全不同了，老板会给你一个固定的底薪，而且所有包间的客人都会由你一个人服务，也就是说小费也能比兼职服务生赚得多些。

这也是我没过多久就要求转为全职服务生的最主要的原因。在国外读书期间若你的手头拮据，可以考虑在外打工一段时间。前提是你必须要遵守学校的规定，当时我所就读的学校是允许的。

这样我就不用依赖家人的赞助，可以自食其力了。由于该餐厅经理将我升为领班 (Waiter Head)，每月就有了折合人民币近 3 500 元的底薪，并且包间内的服务全部由我负责，所以保守估算下每月的小费收入折合人民币后应为 3 000 ～ 4 000 元，而当时国外白领阶层的平均工资每月折合人民币后也就 5 000 ～ 7 000 元。但白领们在周末、公共假期及节假日是可以休息的，而我却一天都不能休息。尽管每天都要工作 10 小时以上，但是我心中却很知足。

若是遇到节假日，在餐厅里更是要马不停蹄地忙 12 个小时以上才能休息。该餐厅的大多数服务生为兼职人员，只能工作 3 ～ 4 个小时后就要离开，对于那些吃到很晚或是举办聚会的客人，就只能由我一个人为他们提供服务了。

记得有一年的情人节，客人们的兴致都很高，他们挥舞着红色玫瑰花，边说边笑，却迟迟不愿离开。当天到了后半夜时，兼职的服务生们都早已离去，只剩下我一个人还在忙前忙后陀螺般地转个不停。只剩最后一桌客人时，我已实在是无法站稳脚跟，只好偷偷地躲在收银台的平台下，急促地喘着粗气……在那一刻，仿佛整个喧闹的世界都与我脱离了关系，在朦胧中，只感觉耳边间歇性地传来客人们的喧哗……

熬到结账完毕，当那折合人民币为 1 500 元的小费平躺在我手中时，那分量让我觉得要比自己的双腿还要沉重。

正是因为如此，那段时间我几乎再也没有丝毫精力去听课了。临近考试时，有些科目需要付出大量的精力去复习才有可能通过。于是我不断地告诫自己要以学业为重，打工仅是为了辅助自己能够更好地完成学业而已！

“慈父”变“恶魔”

很多留学生初到国外时，遇到自己的同胞都会感觉特别亲切，这一点我也不例外。很多华人留学生都有自己的交往圈子，这或许与中华民族的传统观念有关吧。

回想当年，我不仅认识一些华人留学生朋友，还认识了几位早在这片陌生土地上“生根发芽”的老华侨。仅凭这一点，我在华人留学生中颇具有自豪感，就像在国内能够结识某些上层的权威人士那样备受青睐。我甚至一直相信连老天爷都在眷顾我，要不怎么会只有我一个人有这样的好运气呢？

我与两位老华侨结成了忘年交，一位是老方，人送雅号“方导”。呵呵，你还别一听“导游”两个字就嗤之以鼻。这位方导干的绝对是个肥差，他专门接待来自国内的重要团体，陪吃、陪喝、陪玩不说，还能赚很多的钱，他与大使馆的工作人员关系也非同一般，真是羡煞旁人啊。另一位是老徐。他与老方一样在此生活了多年，用中国话说是那种非常吃得开的人物。他非常熟悉各类生活用品的进货渠道，这也是一种本事啊。

当时的我还未能完全融入国外的生活节奏，也不太了解国外的风俗习惯，自然是缺乏很多的人生经验需要向前辈们讨教，我谦虚谨慎的态度深得他们的赞许。同时我对老方那种为人幽默风趣、和蔼可亲的大叔形象颇具好感，每当在与其交流中能听上几句赞扬和鼓励我的话，都会让我在内心深处将他与我的父亲画上等号。

久而久之，除了谈及我的学习情况和他们的工作之外，我们更多地会将话题转移到如何赚钱的问题上。人在异国他乡寻求发展，谁都希望自己的日子能过得好些。

记得那一天所做的合作决定就如同那一天的天气一样爽透人心。我们三人决定各尽所能，在异国他乡的土地上大展宏图！

回忆中的那天与往常一样，我们在爽朗的微风中喝着扎啤、聊着人生……忽然老方转过头来问我们："有没有兴趣开个小店，让大家赚点儿小钱啊？"

老徐想了想说："如果有可能，当然好啊！"

我则连想都没想张口就说："本人愿效犬马之劳！"

于是我们就开始着手办理开店事宜。我自然是将自己之前辛苦打工积攒下来的钱全部拿了出来，尽管我知道开个小店对他们而言，可能算不上是什么了不起的大事情，但对于我来说则会非常珍惜他们为我提供的第一次创业机会。

你可能会问：“投资小店为什么会算上你一份儿呢？”原因很简单因为我会讲英语，并且在当地开小店需和哪些相关部门打交道，对此我还是比较熟悉的。虽然三人中我的投资金额最少，只有约合人民币25 000元，而他们则要多我数倍，但是他们承诺会分给我三分之一的股份。

另外到国外一年以后，我的英语水平大有长进，甚至超过了我身边的华人留学生。

因为出钱最少、年纪最小，所以一切需要跑腿的事情全都由我包揽了下来。顶着烈日忙碌了几天后，我办完了所有的开店手续，还找到了理想的店面，并快速地投入到装修、进货等工作中。

老方对我前期的工作表现非常满意，并表示会经常抽空来店进行指导。我当时真是感激涕零，在心中将他当做是自己的大老板。老徐负责看店，我则在没有课的时候过来帮忙，并在周末负责进货。

经营了半年之后，小店的生意由冷清逐渐变得红火起来，虽然店面不大，可是每日的营业额折合人民币为2 000～3 000元，减去成本后利润还是相当可观的。

我满心期待着年底能够分到收益，而方大老板的意见却是目前还不到分钱的时候，应用更多的钱购进商品才能扩大小店的规模。小店毕竟是由方大老板说了算，因此我没敢有任何怨言。但是考虑到自己的资金将要出现问题时，学费、汽油费等已让我捉襟见肘，我不得不婉转地向方大老板提出要求，请他给我支付一些零用钱。

如此一来，我总算拿到了每月折合人民币 2 000 ～ 3 000 元的生活费用，但同店铺每天的纯收益接近 3 000 元来比，我愈发感到事有蹊跷。

难道他们是在用我的人力做苦工，或者是因为利润较高想私吞钱财吗？我愈发肯定自己的判断是对的。在接下来的日子里我虽多次恳求分红，但一年之后，我仍未能得到应得的利益，反倒因此惹得方大老板愈发的不开心了。

第三学年即将开始时，我的学费仍然没有着落，迫使我必须将利润分配的事情搞定。

一天我找到方老板的住处破门而入，直接要求他立刻将事情做一了结，并承诺他只要能归还我投入的本金，可不参与小店的利润分配。

方大老板听后猛地从椅子上站了起来，满脸杀气地用手指着我的头大声骂道："你 ××× 还想不想在这里混了，想活命就给我闭嘴，乖乖地给我滚出去！"

天啊！这就是我曾经的"慈父"方导吗？如今居然为了

个人利益，变成了一个十足的恶魔。我呆呆地站在那里，说不清是委屈还是愤怒。最后，连我自己都不知道是怎么走出那扇曾经让我再熟悉不过的“热情之门”的。

委屈、悲愤、失望一起向我袭来，真想找律师去告他们！但昂贵的诉讼费用是我所无法承受的，即便是请了律师，我也没有胜算的可能性。

我犯的第一个错误是从一开始就注定了我会必输无疑。由于我所持有的是学生签证，而学生签证是不可以在当地从事经营活动的。因此，在小店的注册文件上根本就不会有我的名字，而我所投入的资金并没有直接存到公司的账户里，从法律角度来讲，没有任何证据可以证明该小店有我投入的资金。

我犯的第二个错误是，从来没有参与过公司账目的核算与管理。小店开业以后，由于学习压力较大我很少去店里帮忙，因此只能盲目相信自己的合作伙伴。在他们眼中我只是一个听话的好孩子，所以他们仅会记得我的付出并迁就我的一些做法而已，并不会把我当做投资人来看待。

此事给我的打击很大，以至于后来面对想和我一起做生意的朋友，我都会婉言谢绝。20 岁时的自己是单纯幼稚的，对一切充满了好奇和冲动，对人性的了解也太过肤浅，对自己的未来有太多的憧憬，还不具备参透世事的能力。

事实证明有一些海外华人，在利益面前同样会坑骗自己的同胞。在异国他乡的学子们，一定要保护好自己的资金，提高自己的判断力，绝不要为了蝇头小利而轻易相信他人，尤其是在求学期间，应努力学好自己的功课，掌握真正的发展本领，这才是我们走出国门的最终目的。

另外需提醒大家的是，假如不慎身处与我相似的合作陷阱或尴尬境地时，保护自身的安全最为重要，切莫因一时的冲动，而贸然采取其他危险的手段予以反击。

在此之后，我利用自己所学的财务知识，到华人经营的贸易公司做兼职的财务工作。事实上，一些中小型公司的财务工作并不复杂，也不需要做财务报表和财务分析。因此，我还不够扎实的财务技能恰好可以派上用场。对公司而言可节省用人成本，对我个人而言也可轻松地同时在几家公司从事兼职工作。如此一来，每月只需集中工作几天，便可获得折合人民币约3 000元的收入，已经能够满足我大部分的日常开销。

用博客与妈妈交流

与很多中国留学生一样，因为飞机票很贵，我只能在圣诞节和暑假这样的长假才能回国。因此，经常和家人及朋友取得联系就变得十分重要了。用写信、寄明信片的传统方式我也曾尝试过，但似乎仍无法排解我对父母及家人的思念之情，加之邮寄时间较长，所以传递的信息总是滞后的，更没有影音的介入，传统的交流方式愈发地显得不合时宜了。

记得刚出国时，离家还不到一个星期，我妈妈就开始失眠了。她时常会担心从来没有离开过自己的儿子，在地球的另一端该如何生活：住宿怎么解决？是否能找到自己的学校？都交了哪些朋友？饭菜是否合胃口？手里的钱够不够花……这些似乎是天下所有父母都会操心的问题。

事实上不仅只有老妈会着急，我更是百爪挠心地希望能够尽快将自己的近况告诉家人和国内那些时刻关爱我的朋友们。

刚到国外时，留学生们来自五湖四海毕竟都不太熟悉，更是希望能经常与家人进行交流，才可缓解思乡之苦。这或许是每个留学生的共同心愿，其中尤以中国留学生更为明显。到底利用哪种方式与家人和朋友联络更快、更省钱，很快便成为大家探讨的热点问题了。

由于打电话属于越洋长途，每个月超高的话费支出，更会让经济上不能独立的留学生们捉襟见肘。

同学安吉拉的建议是，让国内的家人或朋友下载一款网络即时语音沟通工具 (Skype)，并创建一个属于自己的账号。它可在智能手机、计算机、电视等多种终端上使用，而且 Skype 并不会像 Facebook、Youtube 等美国受欢迎的网站那样，会被计算机的“防火墙”屏蔽。它所提供的服务中有国际长途包年付费的项目，价格折合人民币从 400 ～ 700 元不等。缴费成功后，可通过互联网直接拨打中国国内的电话号码，而无需再缴纳电话费。这比申请传统的电话安装后拨打国际长途更加经济实惠，操作起来也十分简单。将 Skype 软件安装在手机上，无论是拨打电话还是发短信都很方便，还不会出现手机余额不足的现象。于是很多同学都在用 Skype 软件与家人进行交流，看来 Skype 的确很实用。相比之下，我的大部分业余时间都要在校外兼职打工，平常能够上网的时间非常有限，所以 Skype 并没能成为我的首选。

事实上，我最熟悉的交流工具是 QQ。对于我们这些 80 后的孩子们来说，平时使用最多、接触最久的网络通信软件就属它了。比起 Skype、IP 电话卡，QQ 最大的优势就是免费。它无须支付软件使用费，就可以跟国内的亲朋好友们进行联络。我老妈在姐姐的帮助下，很快就学会了用单指打字给我留言，唯一的遗憾就是当网速不给力时，视频就无法顺畅进行，说话的声音听起来也会感觉很不真实。

最终微博这个交流平台让我感觉受益匪浅，我可以将自己日常的学习和工作情况以图片或视频的方式上传到网络上，家人只需打开我的博客地址，就能了解我的真实情况了。我也能及时让家人在网络的另一端了解我在异国他乡的人生写真了。这种交流方式，避免了必须双方同时在线的烦恼，我也可以在学习与打工的间隙将近况传输到网络上，的确是非常便捷的一种交流方式。

从博客上，我亲爱的家人和朋友们能及时了解我所就读的大学情况及其周边的环境、我驾驶的车辆照片及道路的交通情况、我常去的银行和街边的小吃店、我工作单位的老板以及热恋中的女友照片，等等。只要是家人想知道的信息我都可以通过博客这个平台，传递自己留学生涯中的每个精彩瞬间。

适应 AA 制

AA 制是英文 Algebraic Average 的缩写，它是近些年才在国内流行起来的新名词儿，仅会在少数的年轻人中偶尔为之。这个制度并不太符合中国的国情，但在欧美等国它就像空气一样习以为常。刚到国外的时候，我也不太习惯 AA 制，总会感到有些别扭，脱离了土生土长的中国环境，一切都需要学习和适应。比我高一界的中国留学生告诉我，不用不好意思，更不要把它当成是一种心理负担，慢慢你就能适应了。

刚到国外时，有一次和一名当地的同学及其父母一同去吃饭，结账时所有人都把钱包掏了出来，正准备各付各的餐费时，我的朋友对他的父母说："今天由我来请你们吧。"他的父母听后表情非常惊讶，然后十分客气地表示感谢，见此情景我一下就懵了。如果是在中国，同样的情况一定会演变成另外一种场景——若干人等酒足饭饱后，清清喉咙大喊："服务员买单！"。席间，最具实力派者会一跃而起直奔收银台，剩余人便会纷纷尾随。刹那间，争抢付账之声："我来！我来！"不绝于耳，那场面真是热闹非凡。若你是个地道的中国人，你一定能想象得到欲结账者还会加上配套的动作：钱包是不是真掏出来了不要紧，关键是手必须得让人看到已经按在口袋上了，或恰到好处、半遮半掩地掏出了钱包的一角，只有这样才会更显真诚。

待到付账完毕，其他人仍会冲着付钱者叫嚷着："你这是看不起我，吃个饭还让你掏钱，这不是伤我吗……"之后，该掏钱的最终还是掏了钱，没打算掏钱者依然还要显露着钱包的一角，而收银员则早已见怪不怪了，通常会友善地适时搭讪道："都是朋友嘛，不差事的，下次再请也是一样的！"

于是众人便会在一片祥和的气氛中散场而去。

那天与国外的同学及其父母就餐时，真是给我上了一课，以至于之后同样发生在自己身上的事情，也显得见怪不怪了。

有一次为庆祝自己考试能够顺利过关，而去酒吧与朋友们喝酒庆祝。由于心中十分开心，便多喝了三五杯扎啤。结账时因头脑发热，豪爽地冲着服务生说了句："今天都由我来付账。"话音未落，便见吧台旁边一位喝啤酒的中年男士，兴奋得眉飞色舞地向我举杯大喊道："Thank you！ Thank you!"之后还将自己杯中的酒一饮而尽……此后我才明白，当时在场人员的消费金额都由我来支付了。唉！真是伤不起我的这颗中国心啊！

不说我的丢人事了，讲个老外的故事吧。同学的房东是位女主妇，她经常会约朋友们一起出门买牛肉、炭火、啤酒等物品，然后在自己家里搞聚会。一次，我去同学家做客时正赶上他们在烧烤。由于我们没出份子钱，不好意思参加他们的聚会，但是她仍旧给我们送来了一些烤鸡翅和烤鱼请我们品尝。

后来我在此同学家住了一段时间后，发现女房东虽然喜欢聚会，亲戚朋友间也会经常走动，但是她们家中的成员关系却是相对独立的。每天女房东只是做一顿午饭，谁要是饿了就自己去厨房做吃的，自行解决。有次我和同学做啤酒鸭，为回报她之前给我们品尝的烤鸡翅和烤鱼之恩，我们特意做了很多，并分给女房东家足足一大盘鸭肉。你绝对想不到她自己抱着那一大盘子鸭肉独自吃了起来，看那架势并没有打算给她的家人留下些，甚至连她自己的儿子也未叫来一同品尝。直到她实在吃不下了，才把剩下的几块鸭脖子放在了厨房的公用台子上，留给想吃的人。

在我们这些中国人看来，她的做法简直是不可思议，似乎在她们的家庭成员之间没有亲情可言。事实上，AA 制早已成为他们的一种生活方式，甚至可以说 AA 制已成为他们的一种文化。作为中国留学生在国外留学，遇到类似的情况应当学会尊重他人的习惯与做法，千万不能用中国人的传统眼光去看待他人，评判他人的做法，即是所谓的入乡随俗吧。

但无论怎么入乡随俗，举办婚礼也采用 AA 制，这似乎还是会让人大跌眼镜的。

我所见过的 AA 制的最大场面要属参加一位同学的婚礼了。他是土生土长的当地人，参加他的婚礼时我还是按照中国传统的习俗递上了红包，但是想不到这位仁兄却在婚礼上实行起了 AA 制。具体做法是：食物由他提供并采用自助餐的形式，有几名服务人员负责帮大家分食物，大家各自拿着自己的盘子去领，每个人大至可领到一份前餐 (Starter)、正餐 (Main Course) 和一份甜点 (Dessert)。

似乎一切都像是估算好的一样，当你吃完一份后想再去领时，已经没有可以提供的食物了。在口渴之际，想寻找酒水和饮料时，我才知道需要自己去餐厅购买饮品，因为婚宴中并不提供酒水。虽然主人提供有果汁，但会向宾客收取 5 美元一杯的成本价。

这是我有生以来吃喜酒吃得最不甘心的一次经历。

如今回忆起自己当年经历的那些事情，早已不会再感觉惊讶了。我已经不会像从前那样，认为热恋中的两个人分别付账是件无法接受的事情。你或许会问：“这种情况在国内根本不可能出现，若真有这样的事情发生，脾气好的女友可能今后再也不会出现了；脾气差一些的女友甚至会泼你一脸饮料便扬长而去。”作为一名中国留学生要学会适应环境，在出国留学镀金的过程中，要能不断了解与接纳不同国家的文化。

但是并不是每个人都可以接受和适应 AA 制的，我后来遇到了一位新来的老乡，对 AA 制就非常反感。他整天思考着这样一个问题：“我不但天天得想着谁请过我，还得记住他上回请我的是什么价位的饭局，如此一来我还干不干别的事情了？简直就让我无法淡定地生活了！”

如今回想起来，自己不也正是在到达异国他乡之后，才失去了养尊处优的感觉吗？幡然醒悟每个人的生存之不易，于是才能真正学会坦然面对AA制。

阳台上的菜农

我从小吃惯了家乡菜，在梦里也常能品味到哪些菜馆的味道与老妈做的味道相仿。到了国外以后，西餐使我更加确定了自己的留学身份。始终让我无法适应黄瓜切成片、洋葱切成块就上桌的饮食文化。曾经还专程去吃过几次中餐，昂贵的价格令我倍感思乡。如何才能满足自己的口味又能节约金钱呢？思来想去，只有自己动手才能丰衣足食。

在一个偶然的机会，我托出国公干的老乡捎来了老家的一些菜种。在梦中多次梦见小时候和父母一起种菜的情景，给了我再次尝试种菜的冲动。恰巧所住房子的前面有一个很大的阳台，为我实现种菜的梦想提供了最好的平台。我哥哥十分细心，还让老乡同时捎带来了一些小袋的化肥、催叶生长的肥料及土壤添加剂，新一代的农民就是与众不同啊，他们更加相信科学的力量。

经过一周的努力，我的阳台上多出了十几个花盆。在国内读书时，回家后我偶尔会参与种菜，关于土不能压实、种子不能种得太密的播种常识，我还是略懂一二的。如今我在有空时会上网搜索关于阳台种菜的知识，让我懂得了需在土壤的表面放一些粗木屑，以避免水分快速蒸发，直到幼苗出土为止。

两周后嫩绿的幼苗破土而出，和我出国时一样，似乎它们也在用自己好奇的眼光探寻着这异国的风情吧！因为花盆里的这些菜种多是为了吃其叶子，所以那些催叶生长的肥料就能派上用场了。在上好的肥料和我的精心照料下，这些菜苗以超出我想象的惊人速度不断地长高，肥厚硕大的叶片让我垂涎欲滴，恨不得立刻拔下来放进嘴里嚼一嚼。

终于到了可以收获的日子了，我轻轻地割去第一茬韭菜(韭菜可以再生)，放在鼻子下面闻着它那种特有的味道，仿佛闻到了韭菜馅饺子的香味；碧绿的茴香只能连根拔起；只有木耳菜和小白菜比较给力，可以先吃它们长在外围的叶片，让靠近菜心的部分继续生长。

同学们听说我在阳台种菜，都十分佩服我的智商和精力，更希望能够品尝到地道的中国菜。除了来自香港的珍妮以外，大多数同学还从来没见过中国菜呢，更是希望能够口服与眼福同享了。

在周末的一天中午我开始忙活起来，邀请同学们品尝地道的中国菜，也算是满足一下自己的那份小小的虚荣心吧！

我用小白菜做了一碗白菜粉条肉丝汤和一盘小白菜馅的锅贴；用韭菜包了十几个饺子。因为来的同学较多，我真的担心饭菜不够吃，于是又将韭菜摊鸡蛋做成了比萨那么大的两份；另外做了一盘鸡蛋炒茴香，又包了几个茴香馅的饺子。

不料十几名同学蜂拥而至，一下子挤满了我的阳台。他们交头接耳不停地赞赏和评论着，我则小心翼翼地继续忙活着，直到用尽了所有的食材为止。

“可以开吃啦！”在我的一声号令下，大家转而围攻起了餐桌。

珍妮虽然未生长在大陆，但是对中国菜还是较为熟悉的，她开心地咬了一口韭菜馅的饺子后，便代我向大家介绍起这些食材和中国的饮食文化来。

经过一番品尝后，大家的反映却出乎了我的意料。

美国同学法林顿显露出一脸古怪的表情，惊讶地用中文问我：“你做的米饭怎么是白色的，这白色的米怎么能吃呢？”

“可以与菜一起吃啊！”我很自然地回答说。

他费解地摇摇头，抓过酱油和葱花撒在上面，又打了个鸡蛋，再将它们一起倒进炒锅里，直到把米饭炒得发亮发黑，才急忙用勺子盛起来用中文自豪地说：“这才是真正美味的米饭！”

他的话音刚落，其他几位美国同学也纷纷动起手来，各自做起自己喜欢的食物，搞得不亦乐乎。

这时只见有位我并不太熟悉的哥们抓起一个茴香馅的饺子，但仅吃了一口，就被茴香那独特的味道撂倒了，再不敢尝试吃第二口了。看到此情景，让我心中略感失望。

同学杰克用生硬的中文说："当我们大家听说你种菜后，都向往着今天的这顿美餐，但现在我终于明白为什么在我国的超市中找不到这些中国菜了……"

我耸耸肩说："很遗憾，吃不惯是你们的口味问题，以后可不能怪我一个人吃独食哦。"

看似不太成功的这次聚餐却并没有影响我和阳台上蔬菜们的友情，它们依然生机勃勃，我也依然满心期待它们能更加快速的成长。

当小白菜的叶子有点像大白菜的小叶子那么大时，第二茬的韭菜又可以收割了。十几个花盆的菜，忽然让我感到自己的消化能力有限，于是我便将收获的菜分给其他的中国留学生们享用。中国留学生们的感受就是不同，好久没吃到家乡菜的朋友们，简直是如获珍宝，纷纷对阳台种菜有了极其浓厚的兴趣。

我心中暗想："没田、没地没关系，那都不能成为种菜的障碍……”在阳台上种菜，收割的是喜悦，节省的是钞票，既经济又实惠，既健康又开心。

自己种的菜是正宗的有机蔬菜，无激素无农药。能吃到这样的菜，饭量都会涨，味道真的不一般，意义更加不一般。

每天早晨我都会站在阳台上，同这些碧绿的蔬菜一起接受晨光的洗礼，仿佛是在接受上帝的光芒般虔诚。

我会与中国的留学生们一起分享种菜的经验与心得，套用本山大叔的话：“这是菜农与菜农之间的交流，一般人是想参与也参与不了的。”比如，关于番茄只长秧苗不结果实的问题，我们会尝试将茶叶末埋在土里当肥料，或者用喝剩的豆浆加以灌溉……在探讨中，心中不由自主地会洋溢出一种难以名状的快乐，这种快乐仅属于留学生活中那份难得的情趣。

经过一番实践后，的确感到自己种菜的好处很多。首先，可以节省较大的开销；其次，能够提高绿化意识；最后，还可提高我们自食其力的能力。

但是需注意的是，在国外开垦公共土地资源作为菜地是绝对不允许的事情。外国人对这种做法极度反感，他们对公共土地资源的管理极为严格。你若真想尝试，可把自家的阳台打造成漂亮的田园，快乐地做名“阳台上的农夫”！毕竟你的地盘你做主！

后来，我还在主食上进一步琢磨省钱之道。我将做好的馒头、面条、饺子、包子等进行冷冻，每次想吃时，就直接从冰箱的冷冻室里取出，直接上屉蒸熟或煮熟，这样做既节省了时间又能解馋，更重要的是可以节省开支。

珍妮在街头画像

三年的留学生活，让我由衷地体会到由内到外的那份浪漫和幸福感。国外大学四处洋溢着自由的气氛，学分制的考试也充满了人性化，多元化的教学方式和无数个国家的留学生汇聚一堂的异样风情，都会令我无限痴迷。

更重要的是国外很多大学的假期都会长于国内，来自德国的一名留学生告诉我，他们那里暑假三个月，寒假两个月，扣除其他节假日，上课的时间最多也只有半年。

这么长的假期，对于像我这样出生在穷人家的孩子，可为备足“粮草”提供大量的宝贵时间。那年暑假，我和珍妮拿着学校发的“打工卡”，参与了留学生假日打工活动。

珍妮留学是为了主攻绘画艺术，尽管我是修财务专业的，但由于同样来自中国，使我们成为最亲密的朋友。

在欧美国家的街头，在一些大型的建筑物周边，总会有一些来自世界各地的游人汇聚于此。一天午后，我和珍妮来到一座教堂西侧的街头，发现早已有人在那里给游人画像了。

由于经常在外打工，使我对选择打工地点颇有研究。我发现在人群中有一位长发中年画师正在围观人群的注视下认真绘画，在他身旁还有两位亚洲面孔的年轻学生也在给游人绘画。

珍妮观察后便告诉了我各位画师的绘画风格及大致的绘画价格。因为长发中年画师是位高手，所以坐在他旁边较为妥当，人气也会较旺。于是我们在他身旁坐了下来，他友好地向我们点点头，我们也微笑着回应他。

对于在海外谋生的街头画像者来说，为顾客画像极具刺激性与挑战性。不论你是有名的大画家，还是刚刚起步的初学者，在此大家是平等的，面对同一份“考卷”，毫无虚假可言，绘画效果更是一目了然。

此时一对年轻恋人的脚步定格在珍妮的“摊位”前，他们似乎在漫不经心地浏览着珍妮之前的作品。那位女孩真是位美丽的姑娘！尤其是女孩的眼睛看上去格外漂亮。

自从我认识珍妮后，多少了解了一些绘画的皮毛。从画像中可以发现西方人不仅眼大鼻高、脸颊瘦长，而且眼部轮廓与亚裔人的截然不同。这或许象征着洋人的自由而独立，亚裔人的中规中矩。

不仅如此，她们的眼睫毛均往上翘着显得十分动人。也许是上帝为了保持公平，才让亚裔人的智商稍高一些，以此获得平衡感吧。

就在我的思绪像长了翅膀似的漫天飞舞之际，忽然听到那位中年长发画师在与珍妮打招呼。我们这才明白，这对情侣有意让珍妮给他们画像，由于我们的经验不足，未能像我们的“近邻”那样，一眼就能看出游客的心思。中国人常认为同行是冤家，在此我们体会到的却是温馨和友情，珍妮微笑着向他点头致谢。

然后珍妮用英语与那对年轻的情侣打招呼。那位男士看看珍妮后却用汉语说了句：“你好吗？”尽管是反问句，但是我们都能感受到他的真诚，我和珍妮立刻报以真诚的微笑，很快她便积极投入到绘画的准备工作中。

男孩要求用彩色颜料为其女友画像，于是珍妮便全力以赴地投入到绘画当中……待绘画接近尾声时，便听到我们身边的人群赞声不绝：“It's wonderful! It's marvelous! It's perfect! It's excellent……”

他们似乎要将全部的赞美之词都留给珍妮。珍妮却淡定地在赞扬声中，保持着最基本的谦虚和微笑。

几分钟后她画完最后一笔，将画像递给了那位姑娘。那位姑娘看到自己的画像后，脸上顿时放出异彩，吃惊地用一只手捂住了嘴巴，此动作仅持续了几秒钟后她弯下腰，当着众人的面顽皮地吻了一下珍妮的脸颊。

此刻的珍妮再也无法淡定了，明显能看出她有些不好意思地低下头去。之后我和围观的游客一起鼓掌，为这精彩的一幕画上了圆满的句号。

只见女孩的男友掏出 50 英镑交给我们，连声道谢后拉着恋人的手，拿着画像，幸福地离开了。

或许这就是艺术的魅力吧，可以当着自己恋人的面亲吻他人。我为珍妮感到骄傲，50 英镑的收获已经大大超出了正常的交易价格，我们为此获得了丰厚的回报。

严格来讲这次街头画画的经历并不能算作是真正意义上的打工，只是从此以后珍妮又多了一种凭本事赚钱的方法，我也真心为她感到高兴。

交友当慎重

俗话说：“在家靠父母，出门靠朋友。”留学生的主要目的是学习，但在陌生环境中能够建立良好的人际关系，结实新朋友显得尤为重要。在我的留学生涯中就结实了几位非常要好的留学生朋友，他们在我人生的艰难时刻，给我提供了非常大的帮助。

时常能听到不少中国留学生因交友不慎、缺乏判断力，从而走上了犯罪的道路。他们通常是在学校中被人利诱，进而走上犯罪道路的，这不仅断送了他们大好的前程，还为其家人带来了沉重的负担。

曾看过这样一则报道：一名来自台湾的19岁大学生吴某，他从初中开始就来到美国留学，与姑姑和姑夫同住。他所就读的学校是美国著名的威斯康星大学，亲戚朋友们都为他能有个美好的未来而感到自豪。留学几个月后，他结识了一个名叫麦贵根的人，此人教唆他开设个人账户用于下注海外的赌局，仅半年的时间他就输掉了7.9万美元。有一段时间吴某非常害怕其家人知道他已染上了赌瘾，想就此罢手，但麦贵根及另外两名同伙则逼迫他继续豪赌，并威胁他若不继续与他们合作便将其赌博一事告知他的家人。吴某在极其恐惧之下，将那三名知情者枪杀在其寓所内，最终被美国警方以一级蓄意杀人罪对他提出了指控。

吴某的父亲本是台湾有名的教育工作者，为了儿子能去美国留学他花费了上千万的新台币，得知此事后他父亲简直是痛不欲生。

没想到交友不慎而险些毁掉学业的事情，竟然也发生在了我朋友的身上。

2006 年 5 月，我的中国老乡王琳本是一个聪明而个性很强的女孩，在留学时结交了男朋友。男孩是非洲的一名黑人，王琳喜欢这个男孩无拘无束的率性。当时我作为她的朋友，曾用中国人传统的观念劝导过她，并告诉她要与自己的父母沟通好。王琳非常清楚自己的父母是不会接受这一事实的。

果然，她母亲在与其通话时表明了自己的态度："这个人的相貌如何、学习成绩好坏可先不说，家庭经济条件如何也不重要，关键在于你对这个人是否真的了解，我们中国人和外国人有着不同的道德观念和风俗习惯，将来会出现很多问题，你要慎之又慎！"

后来事态发展得越来越严重了，王琳的父亲和哥哥经常会在半夜三更给她打电话，问她是否在自己的寓所而不是与那名黑人朋友整天混在一起。

远离故乡的留学生是十分孤独的，因此男女之间的感情也会迅速升温。与黑人朋友接触时间久了，王琳接到家人电话后，便会不由自主地为自己的这份爱情维权，有时甚至会指责其家人说："你们知道吗？在国外像你们这样评价一个人就是种族歧视，会遭人谴责的！"

她的哥哥则会愤怒地回敬她说："我们都是因为爱护你，

即使背后评价那个人有过份的地方，也都是出于想保护你，你自己长不长脑子啊！”

时间长了王琳根本就听不进家人的劝说，时常会毫不示弱地顶撞家人：“我已是超过 18 岁的成年人了，我有选择男友的权利！”

与家人通话时，火药味一次比一次浓，再往后她与家人的联系就越来越少了，我真不知道该如何劝导自己的这位老乡。

几个月后的一天，那位黑人男友开车载着王琳去郊外兜风。返程时在高速路口因为超速被警车扣留，更糟的是，居然当场被警察在车的后备箱中查出藏有 300 克的毒品。于是，两个人被一起带到警察局协助调查。

尽管朋友们想尽一切办法为王琳进行开脱，但她依然有被学校开除的可能性。无奈之下王琳的父母只能专程赶来，花了 5 000 欧元找到一位当地最好的律师为她辩护，才最终为其保留了继续留学的资格。

这次惨痛无比的教训，给了自认为十分前卫的王琳狠狠地一次打击，在人生的路上王琳缺乏太多为人处世的经验。

在异国他乡，因为语言和生活习惯等方面的差异，一些留学生会倍感孤独与寂寞，结交新朋友能有助于消除自身的孤独感。但交友时一定要慎重，不要轻易向陌生朋友泄露自己的联络方式及住址，更不能轻信他人。

PALAZZO

第五章

穷游寻潇洒，省钱是王道

走！搭车去

“要么旅行，要么读书，身体和灵魂，必须有一个在路上。”经过一段时间的旅行和读书经历，让我将此话奉为圭臬。平时除了和同学们打球、侃大山之外，我最大的爱好就是旅游。

在国内读书时，我的足迹就曾踏遍了大半个中国。每次出行时，我都会精心做好时间和线路上的安排，并与父母不定时地保持联系，曾经的旅途安全而平坦，从未经历过任何坎坷。

有了国内的旅游经验，在国外我的出行将会更有保障。我会百分之百地精打细算，将“省钱才是硬道理”这一真理发挥到极致。正因如此，面对众多同学哭穷说口袋中没有闲钱，只能望“旅游”兴叹时，唯独鄙人可以脱颖而出，纵然是囊中羞涩也能玩转旅游，并且将这种功夫演绎到了出神入化的境地。

但是话又说回来了，在国内我还真没有尝试过搭车去旅行。在我的记忆中国内根本就没有搭车这回事儿，司机对于想搭车的人从来都是当做没看见一样呼啸而过，即便有些司机停下车来，想搭车的人也未必敢坐他的车。但在国外搭车并不稀奇，只是在某些地区考虑到搭车人的安全，才会予以禁止。

经常能从电视报道中得知学生们出去旅游或是看望朋友，从来就不需要花乘车费，完全可以靠搭乘顺风车让自己来去自如。

从电视画面中看到那些学生懒懒散散地站在路边，遇到路过的车辆就会伸出大拇指，不停也没关系，耐心地等下一位司机停车即可。有的学生一看就是搭车老手，手中举着一块牌子，牌子上写着要去的地方，有的甚至还会标明非劳斯莱斯不必停车……诸如此类，数不胜数。他们已经把搭车当做一种出行方式了，只有以一种调侃的方式去面对，才能显得如此悠然自得。

令我真的羡慕不已，为什么自己就不能搭车去旅游呢？自从萌生了这个想法后，它就像野草在内心疯长一般，怂恿着我一定要亲自去体验一番搭车旅行的感受。

在一个风轻云淡的周末，天气预报显示近三日皆是好天气。于是我决定将自己的想法付诸行动，搭车去另一个城市游玩。临行前我把背包里的物品再次认真地检查了一遍，为了增加旅行的安全感，我还在背包的侧兜里装了一把水果刀，以防不测。

出发后新奇的感觉始终伴随着我，在跑到公路边站稳后，我忽然发现自己要面对的真正危机并不是搭上车后的危险，而是面对飞驰而过的汽车，我始终没有勇气伸出大拇指。对我而言，这似乎是一个乞求的动作，需要极大的勇气，我突然感到有些无法承受。之前的那种豪情万丈感瞬间便消失得无影无踪了，真没想到看似简单的一个伸大拇指的动作，对我而言却是如此的艰难！

经过一番激烈的思想斗争后，经历了不断的尝试，放弃，再尝试，我终于哆哆嗦嗦地把胳膊伸了出去，对飞驰而来的汽车竖起了大拇指。

有两辆车从远处驶来，竖起的大拇指加之微笑的面庞，让我满怀信心地期待着。一位货车司机似乎看出我要搭车，居然和我玩起了“藏猫猫”，他紧跟在前面的一辆货车后面，让我始终看不到他的“庐山真面目”，于是他成功地躲过了我的拦截。这还不算完，我还听到了车从自己身边飞驰而过时他按响了调侃的喇叭声。由此可见，外国人的“坏”真的很有水平，真可谓是坏到了骨子里。

于是一种英雄落幕、美人迟暮的悲凉心境油然而生。想当年在国内上学时，无论是考试还是参加比赛，我何尝遭受过这样的待遇！纵横校园十多年，哪个敢鄙视我！可如今身处异国他乡，何曾想到搭车旅游都这么费劲。既然自己已下定决心，又岂能当缩头乌龟呢？

说来也巧，正在这时有一辆几乎快要报废的尼桑车在我面前停了下来，一个将头发染得花花绿绿的“彩色脑袋”从车窗里伸了出来，大声问我要不要搭车，说是给点钱想去哪里都行。我听后暗自苦笑，真是穷鬼遇上穷鬼了，于是我赶紧拒绝了他并向他道了歉。“彩色脑袋”恶狠狠地瞪了我一眼，骂骂咧咧地开着车扬长而去。于是我只能胆战心惊地竖起那有些发酸的大拇指，可怜巴巴地期待着下一辆车的到来。

在酷热的阳光下一个小时过去了，一辆辆呼啸而过的汽车无视着我的存在，反倒是我差点被那一阵阵强大的气流卷走。我心中暗想：“最近是否因为自己做过什么坏事，才会受此恶报。”

正当我深陷于强烈的批评与自我批评中无法自拔时，一辆小型货车玩命似的刹了几十米的车，终于停在了我的身旁。一位中年男人将头伸出车窗招呼我赶紧上车。我抓起包连滚带爬地上了他的车，生怕他会反悔。中年男人看到我一幅狼狈样，乐得哈哈大笑起来，并告诉我他在年轻的时候是个嬉皮士，也常搭车出去疯玩。边说还边给我扔过来一罐啤酒，问我要去哪里。我告诉了他我要去的地方，中年男人告诉我他正好也要去那里看望一位老伙计。他认为我胆量不小敢一个人搭车，不害怕遇到坏人。

被他这么一夸我反倒惊出一身冷汗来，偷偷摸着包里的水果刀，看着他那双放在方向盘上戴着黑皮手套的手，我战战兢兢地用中文问：“你该不会是杀手吧？”

中年男人听后笑得上气不接下气地用中文回答说：“我虽不是杀手但我是赌徒，我赌一把带上你，看你是不是个坏蛋！”于是我俩都不由得大笑起来，我悬着的心这才慢慢地放松下来，坐着小货车飞速向目的地驶去……

事后我总结了自己搭车的经验：其实要搭车出行并不太难，主要还是看你能不能坚持，脸皮够不够厚。比如你要在瑞典、芬兰或者在挪威搭车，只要你能一直保持微笑，调整好自己的心态，避免表现出沮丧的表情，勇敢地举起手中的牌子，这样一定能成功。

另外，像我一样穷得叮当响的留学生，想搭顺风车出行是无所谓的，只是那些单身女孩需要谨慎行事，不要为了省钱而羊入虎口，那就真的划不来了。

为了省钱搭车去旅行，我个人认为还是相当靠谱儿的，前提是最好能结伴同行，这样会更安全一些。

游巴黎和威尼斯

去欧洲旅行选择乘火车最为省钱。

制订好旅游计划已是深夜，躺在床上的我，思绪更是随着这份辉煌的旅游计划不知道要飘到哪里去了……

第二天早晨，阳光透过玻璃窗照到我的床上，既温暖又惬意。醒来后一骨碌爬起来匆匆洗漱完毕，我便一路小跑着去火车站买车票了。

当我把自认为是惊天地、泣鬼神的旅游计划告诉了长着蓝眼睛的售票小姐后，梦想着会让她惊讶得合不拢嘴的情况并未发生。此后我才知道，像我这样口袋里没有几个钱但又酷爱旅游的人实在是太多了，他们的旅游计划远非是我能比的。

登上开往巴黎的列车时天已经黑了，隔着窗户望着渐行渐远的繁华城市，就别提我的内心有多激动了，终于出发了！我之所以会选择夜晚坐火车，就是为了能省去一些住宿费用。因为整个欧洲大陆虽然国家众多，但每个国家的面积都不大，从一个国家到另一个国家，就如同在国内从一个省到另一个省，因此把漫漫长夜留给列车上的床位，一觉醒来即可到达另一个国家，岂不美哉？再者，无接缝钢轨使火车行驶起来更加平稳安全而且噪音非常小，车内既干净又舒适，乘客人数相对较少，想休息好是不成问题的。

这夜我睡得十分安稳，连梦都没做。到了巴黎后，还是我身边好心的乘客叫醒了我，于是赶紧整理好行李下了车。

出了火车站，迎接我的是一大群在清晨中醒来的鸽子，原先只有在电影中才能见到的巴黎广场上的鸽子就出现在眼前。成群的鸽子如同大片不规则的雪花般，在游客身边飞来飞去，这些可爱的鸽子早已融入了这座美丽的城市，成为巴黎的一道风景。

坐在广场的长椅上，我拿出了一些面包和水当做早餐。这些早餐是来巴黎前所购，因为我很担心巴黎高昂的消费会让我无钱购买返程的车票。

刚拿出早餐，便有十几只鸽子在我头顶盘旋开来，还有些落到我的肩膀、手上、头顶上，听着它们从嗓子里发出的咕咕声，我突然感到兴奋不已，这种快乐是无法用语言来表达的。我把手中的面包撕成片状，抛向远方，看着那些鸽子一哄而起，在地上欢快地跳跃着、高兴地进食，我心中充满了喜悦。这些小精灵满足地咕咕着，如同钢琴键弹奏出来的一首能融化我心的乐章。我担心它们吃不饱，便把自己所有的口粮都奉献出来了。

我十分享受鸽子和人类和平共处的美妙瞬间，它是那么美好，让我沉浸其中久久不能自拔。下一站去威尼斯同样是在晚上发车，因此我可以悠闲地漫步在巴黎的街头……直到黄昏的余晖照在我身上时，我才动身赶往火车站。

刚准备上火车，迎面走过来一男两女三位黄皮肤的人，看情形是结伴出来旅游的。男生长得虎背熊腰，体重足足有200斤，简直就是一个东北版的“彪哥”，两个女孩活泼漂亮都是亚裔面孔，我们互相打招呼，很快便成为朋友了。

他们兴奋地拉着我的手，像好些年没见的朋友一样，问这问那。听他们的口音像是香港人，经过确定果然如此。我告诉他们自己要去威尼斯，没想到两个女孩一阵惊呼，兴奋地告诉我可以同行，我自然是十分愿意旅途中能与他们结伴同行。

我们开心地聊着天，香港女孩真的很可爱，她们两人叽里咕噜地告诉我很多有用的知识及八卦信息，以至于冷落了那位“彪哥”，他看似有些生气，于是蒙头睡觉不再理会我们了。后来，其中的一个女孩神秘地告诉我，这位“彪哥”一直在追求另一位女孩，但是那个女孩始终没答应他。这次出来旅游，“彪哥”就是为了博得美人心，才主动承担起了护花使者的任务。我听后，不由得对“彪哥”的痴情心生敬佩。

到了威尼斯，已是早上八点多了。

下车后为了省钱，我们乘坐水上“公交船”直奔圣马克广场。没想到我们一下船，便有一大群人蜂拥而上将我们团团围住，嘴里说着一大堆热情的话，连拉带扯地就把我们拉进了一家小饭馆。饭馆老板更是异乎寻常的热情，又是让座又是上茶，还一本正经地说了一番代表意大利人欢迎我们的话语。

正当受宠若惊的我们不知该如何是好时，老板将话锋一转进入了主题。实际上他想让我们坐他的观光车参观广场，并且一再保证看在中意友好的情分上，每人只象征性地收取40欧元。

40欧元可让我着实吃了一惊，这是明抢啊！"彪哥"一听也顿时反应过来了，这分明是变相的敲诈。他是个炮仗脾气一点就着，于是阴沉着脸站起来大声的抗议着。

瞬间小饭馆中不知从哪里闪出几位彪形大汉，一下就将"彪哥"团团围住了。我一看敌强我弱，力量悬殊太大，硬拼肯定会出事，于是就向"彪哥"递了个眼色，示意他不要轻举妄动，然后装作若无其事的样子对老板说："钱不是问题，我们中国人有的是钱，关键是要看你们的服务能不能令我们满意，如果能让我们满意，给你的钱会比40欧元还多。但是我们事后付钱，这是我们的规矩。"

老板听后满脸堆笑地把我们送出了门，同时向他身边的人使了一个眼色。最后，我们在4个人的"陪同"下走出了小饭馆。在上车前我们借机向其他的游客问清了实际价格——乘坐观光车仅要5欧元。虽然之前我们有心理准备，但听到这个报价后仍是大吃一惊，这也太黑了吧！

但是我知道，在这种情况下不能流露出丝毫的慌乱感，越是害怕越容易出事。在坐上他们的观光车后，我尽力安慰着那两个女孩，而“彪哥”似乎用不着我来安慰，他正贪婪地观赏着风景，此时我早已顾不上佩服他的淡定了，急忙四处寻找警察的身影。在车子拐弯的时候我看到了两名巡逻警，便借故要求停车与警察取得联系，那 4 个“陪同”我们的壮汉，见到警察应该会产生畏惧心理，正好借此给他们一点儿威慑力……等到返回后与该老板理论时，他开始心虚了，在“彪哥”要求去警察局当面解决此事的强硬态度下，他不得不接受了我们递给他的 20 欧元！

在夕阳西下时，我们开始四处寻找酒店。由于没有提前预订，大部分价格合适的酒店早已客满了，剩下的小酒店两位女孩感觉不够安全，便使劲儿埋怨“彪哥”没有提前预订房间。此刻的“彪哥”全然失去了之前和那些“宰客”对抗的威严，只会一个劲地嘿嘿傻笑。

抱怨归抱怨酒店还是要找的，最后我们发现了一家星级酒店，两个女孩很是满意，但是我心中却十分郁闷，若是在此住一夜会花掉很多的辛苦钱。

为了能省一些钱，我装出一副不舍的样子说：“有缘千里来相会，既然明天我们就要各奔东西了，今晚何不找一家青年公寓畅谈一夜呢？”听到我的提议后，其中一个女孩抱着我的手臂又跳又叫表示赞成，另外两人想了想说：“这个主意的确不错。”于是“彪哥”也搂着我的肩膀说：“哥们，其实我很欣赏你的精明劲。”于是我们一同住进了一家青年公寓。

第二天分别时，我们互相留下了联络方式并互道珍重。我还特意把“彪哥”拉到一旁，坏笑着对他说：“祝你早日抱得美人归！”

“彪哥”听后先是一愣，随后我们两人一起大笑起来。

2 美元坐飞机

为了去探望在美国读书的同学，学校还未放假，我便提前两个月订好了飞往美国的机票。那次旅行给我留下了深刻的印象，之所以会对此事念念不忘是因为那一次的经历，让我再一次把自己的聪明才智发挥到了极致，为自己省下了很多钱。

假期来临时，我简单地收拾了一些行李，从超市买了一些食品和可乐，然后坐车直接去了机场。时间安排得十分紧凑，到机场后便迅速地登机了，我踏踏实实地坐在自己的座位上等待飞机起飞。

这时，只见一个和我年纪相仿的华裔男孩迎面狂奔而来，他正好与我是邻座，待他坐下时已是满头大汗，只见他一边低声抱怨，一边找出纸巾擦汗。等到飞机平稳起飞后，他就更不安稳了，屁股下像是安了个弹簧，左顾右盼地不断起身四处张望着。

还未等我看出名堂，他已是双眼放光，不顾一切地朝前面的空姐大声呼喊着。原来他是口渴了，正张牙舞爪地向空姐要水喝呢！

还未等空姐开口，他就大声用中文嚷道："我要可乐。"

接过可乐后他扬起脖子咕咚咕咚一阵猛灌，正当他喝得起劲时，空姐温柔地用中文对他说："先生，请您付费6美元。"

"我的天呀！喝饮料也要钱吗？难道饮料不是免费的吗？"他一脸茫然地用中文问。得到空姐的确认后，他的表情都快要僵住了。当看到别的乘客也在掏钱购买饮料时，他只能掏出钱包付了款。

之后他仍是一副大惑不解的神情，转过头用请教的口吻用中文对我说："为什么会这样？"

一听这话，我就能断定他是靠打工赚钱的留学生，于是我回答说："那肯定是要收费的，机票才2美元(不含税费)，难道你要航空公司倒贴钱来请你坐飞机吗？"

"什么？2美元？"他听后挥舞着双手用中文大叫着，"我竟然花了80美元，这可是我打工十几个小时才能赚来的钱啊！"于是他捶胸顿足、长吁短叹，估计连砸破玻璃从万米高空跳下去的心都有了。

等他情绪平稳后，才认真地请教我他花的价格为什么会是我的40倍！

我告诉他自己的机票是提前两个月订购的，之后我又把具体抢购特价机票的心得毫无保留地传授给了他，希望他能将我抢购机票的技艺发扬光大，做到青出于蓝而胜于蓝……

他听了我的一番讲解后，用崇拜的眼光看着我，突然冒出了一句："嗨！"我这才反应过来原来这家伙是日本人。我赶忙纠正他说："我是中国人，中国人讲谢谢，只有日本人才说'嗨'。"于是他用中文说："以后有机会我一定要到中国去留学。"同时他还竖起大拇指继续用中文说："你们中国人真是绝顶的聪明，顶呱呱！"当时，这家伙的表情和动作与欧洲搞笑电影里的人物一样，逗得我哈哈大笑。

当然，我的这个省钱秘笈也不是凭空得来的，而是因为我会经常关注一些航空公司的售票信息，通过对信息的筛选和分辨，就能省出不少钱来。比如，去东南亚旅行时，从印度尼西亚的首都雅加达飞往新加坡的机票需三千多元人民币，但飞到离新加坡不远的一个小岛上，仅需要几十元人民币，然后再从该岛乘船去新加坡的船费只要一百多元人民币，航程仅需半小时，这样就能节省很多钱。为什么费用差距会如此之大呢？因为这座小岛属印度尼西亚，属于国内航班，而从雅加达飞至新加坡，则是国际航班。

类似这种情况都是我平时总结出来的，与抢购特价机票相比，只能算是九牛一毛。要知道一场令人兴奋的抢购特价机票的促销会，就如同是一场令百万人难以入眠的战役。从免费机票到仅需几美元的机票，不同形式的特价促销总能令人为之癫狂。

国外的一些大型航空公司为了能吸引更多的顾客乘坐飞机，会提前一年的时间在自己的官方网站上发放免费机票，以此来吸引更多的人提前预订。我会经常浏览亚洲航空公司、欣丰虎航空公司等官方网站，以获取一些免费机票的投放信息。

你若不能经常守在计算机前关注类似的信息，就要学会利用现代化的工具。如此一来，获得特价机票就不再只是梦想了，十有八九能够将其收入你的囊中。

首先，你要在一家航空公司的官网注册一个会员身份，这样在自己的电子邮件中，就能及时获得特价机票的信息。获得信息后只需提前做好准备，规划好出行的时间即可。

但这并不意味着你从此就可以高枕无忧地睡大觉了，你要随时对其进行关注。因为特价机票永远都是有限的，随时都有可能会被别人抢走。想要利用好网络这名“枪手”一举命中特价机票，你就需要步步为营，稳扎稳打。

在官网发布特价机票信息时，如果你已提前注册成为其会员，一定要在账户登录的状态下，并在放票的第一时间点击价格选项以完成预订付款操作。这样做的好处是，能够确保在第一时间内完成抢购的操作。若是在开始发放特价机票后，再逐项填写个人信息注册为会员，那么当你完成会员注册的操作后，很有可能会发现特价机票早已被出售一空了。

因此对抢购特价机票而言，提前在航空公司的官方网站上注册为会员，并获得登录账号很重要，但还要善于利用已存档的信息、把握好时机，这样才能获得更高折扣的特价机票。

在抢购特价机票时，还需要不断摸索、积累经验，掌握一些抢购的技巧，这样才能提高抢购的成功率。

需要注意的是，特价机票虽然很划算，但它也存在缺点。通常情况下特价机票是不能改签或退票的，并且在飞机上所提供的食品和饮料都需要额外付费。

在抢购特价机票时，需要注意的问题还是很多的，尤其是付款方式。尽管如此，我仍然认为 2 美元坐飞机，无论去哪里都是值得的……

结伴畅游“好望角”

在国外过圣诞节就如同在国内过新年，因此无论是学校、政府机构还是企业，圣诞节期间都会放长假。学校的假期有两个月左右的时间，而企业的假期也会有一个月左右的时间。

所以在每年的11月份，大家就开始规划着要去哪里旅游了，以便能够提前预订好机票和酒店，或者去旅行团报名，随团出游。

因为在圣诞节期间多数人都会放假，所以那时无论是机票还是酒店的价格都会比较贵，因此需要提前做好出行规划。若想出国旅游，就更要早做打算了。

如果不出国只在国内游玩，大家一起结伴同行可以省下不少钱。比如开车自助游，便是很好的选择，但在长途旅行时应选择排放量大的车较为适合。

曾经和朋友们一起开车去1 200公里之外的城市旅游，大家准备好了零食和饮料，简单地收拾了行囊就出发了。一路上听着音乐，喝着啤酒，有说有笑，轮流驾驶，到了景色优美的地方便会停车拍照留念，顺便再活动一下筋骨。虽然有十几个小时的车程，但是由于兴奋一路上并不感觉疲惫。

海边度假屋是委托那个城市的一位朋友事先租好的，因此在到达目的地后，大家并不用花精力去找住处，纷纷洗个热水澡后便可回房休息了。因为我开车时间稍长、体能消耗较大，所以还没轮到我去洗澡就躺在床上睡着了。

在朦胧中，我就被朋友们拖起来晕晕乎乎地去海边欣赏黄昏中的日落景色。虽然我已不是第一次来到这个城市了，但是面对蓝色的海水，欣赏着海天一色的自然美景，依然会令我十分陶醉。

开普敦的美是与众不同的，这里有被誉为“上帝的餐桌”的桌山(Table Mountain)，有世界之最的“好望角”(Cape of Good Hope)，还有活泼可爱的企鹅岛屿(Penguin Island)等。

在去好望角的路上，处处可见像中国老家冬日里垂挂着冰凌的山崖，在山崖的峭壁下有着像蓝色的巨大精灵般跃动的大海，开车行驶至每一个转弯处，便会感觉汽车像是悬空行驶在海面上，耳边伴随着嗖嗖的风声……蓝蓝的天空中飘浮着片片白云，这真是个充满魅力的地方，在我心中泛起一种无以名状的情怀。

沿着盘山高速公路行驶几十公里后，我们进入了印度洋海岸。放眼望去，整个印度洋面都被浓雾笼罩着，天灰蒙蒙的，我突然有种失落感，这样的天气在好望角恐怕什么都看不清了。

车子又行驶了几公里后，阳光穿透如絮的云层，周围的景物逐渐清晰起来了。虽然远处的山还在浓雾的笼罩中，但是阳光给了我们希望，浓重的雾气将会在阳光的照射下慢慢地消散。公路蜿蜒盘旋于悬崖峭壁间，下面是碧蓝的大海，上面是茂密的植被及嶙峋的怪石，给人以无穷的视觉享受……当汽车拐过最后一道弯时，便到达了好望角国家公园的入口处，我们买好门票后，径直将车开向了好望角。

放眼望去，眼前是一望无际的平地，道路两边是茂密的植被，场景十分壮观。南非的深秋仍能呈现出大片大片的深绿色与浅绿色，其间穿插着金黄与淡紫色的野花，如满天繁星般甚是耀眼。想必好望角的春天会更加美丽，应是山花烂漫、景色宜人。

一路上，时常能见到有猴子蹲坐路旁，那神态就像是一名名威严的警察，用复杂的眼神看着过往的车辆。海滩上站着贵妇般高傲的鸵鸟，它们时而会不甘寂寞地迈开长腿，跟在行驶的车辆后奔跑。

汽车大约行驶了十几分钟后，我们来到了好望角下的停车场。为了保存体力我们选择了乘坐缆车观光，此时远处海面上有一大片不停翻滚的浪花引起了大家的关注。在晴空下，静静的大西洋中这片不停翻滚的浪花格外显眼，仔细观望才发现是几条特大的鲸鱼在水中嬉戏。

我们跟随其他游客上了灯塔，站在灯塔上极目远眺，左边是印度洋，右边是大西洋，蓝色的海洋、蓝色的天空，那种感觉就像是站在了非洲这艘古老的航船之首，正迎风破浪、勇往直前！

在东海岸的小镇上，有一个企鹅岛。在返回途中，我们去了那里。企鹅岛煞是有趣，企鹅们在海滩、礁石、灌木丛中，不停地扭动着它们笨拙的身躯，时而在礁石上追逐戏耍，时而在水中穿行。置身海滩，你能看到作为穴居动物的企鹅，有些在灌木丛中一对对地沿着固定路线来回走动着；有些成群的企鹅在海水中戏水、觅食；有些在沙滩上享受阳光。总感觉企鹅们像是一位位肥胖的绅士，个个穿着晚礼服摇摇摆摆、憨态可掬。

我们同其他游客一样，尽情地享受着这份安宁与美好。感叹着神奇的大自然所创造的这一奇特景观，为这片土地带来了巨大的财富。

由于是大家结伴出游，因此十分省钱。返程后估算下费用，在世界著名的旅游胜地进行的4天3夜游，每人的费用仅为七八百美元。虽然旅途有些辛苦，但是要比在旅行社报名跟团旅游节省很多的钱。

出差即可顺道旅游

除了节假日可以与朋友们结伴外出旅游外，在出差时顺道旅游也是个不错的选择。我就与在国外工作的中国朋友有过这样的经历，他们出差我跟随，自己只需支付机票钱，就能顺道去旅游。

那次是去博茨瓦纳，之后大家一起开车去参观了维多利亚瀑布 (Victoria Fall)。

那次在同行的人员中有位哥们是很牛的主管，带着他的几个部下去出差，虽说一路上表现出他们的等级观念很强，有时会略有些扫兴，但是真正到了维多利亚瀑布时，眼前那种震撼的景象，还是让我们瞬间忘记了等级差别。

那里有高达三百多米的蹦极娱乐项目。蹦极是一种极具刺激性和挑战胆量的活动，因此很多人都跃跃欲试，但是望着那十几层楼高的悬崖，多少都会令人有些惧怕。

最有趣的还是要属那位主管，在此终于得到了他应有的"惩罚"。起初他还站在那里向我们炫耀蹦极时要摆好姿势，身体要平衡，只有那样做才会有美感，录像时才能好看(蹦极时都是有录像的，每个人蹦极结束都会赠送一张属于自己的影像光碟)。他还向我们炫耀说自己曾经从五百多米高的蹦极跳塔上往下跳过，此处才三百多米高，只是小菜一碟而已。

在大家期待的目光中，他感觉到自己所说的话有些过分，但为了不在属下面前丢面子，在我们逐个蹦极后，他也勇敢地套上了蹦极装备……

当他慢慢地将脚挪到准备区时，我们发现他的腿抖得相当厉害，于是我们都假惺惺地过去安慰他说："老大，没事吧？大家都等着你的压轴表演呢，想好摆什么姿势给我们看了没有？"

只见那位主管大人的手紧紧地抓住了旁边的栏杆，声音颤抖地说："等等，等等，再让我想想……"

等到他终于鼓足了勇气准备往下跳时，我看他吓得都快要尿裤子了。就在工作人员准备助他一臂之力时，他突然改变了主意，死死地抱住栏杆大喊着："不！不！不！"

给人的感觉仿佛下面就是十八层地狱一般，一旦跳下去将会万劫不复了。看到此情景，我们几个人顾不上考虑上下级关系，都忍不住哈哈大笑起来……

最后，这位一直认为自己能够呼风唤雨的老大，只好铁青着脸败下阵来。

在返程途中，该主管一直拉着脸不肯说话，搞得大家只好装聋作哑，气氛很是压抑。

为打破僵局我向其讨好说："老大，不就是损失了80美金嘛，别再心疼了，本来你的心脏就不好，那可不能闹着玩，所以你决定不跳是对的。"

该主管不但身材魁梧，而且还十分聪明。听完我的话，他立马就给自己找了个台阶下，微笑着对我说："是啊，你看我自己都忘了，前段时间体检时大夫还说我心脏不好，不让我玩刺激性太强的游戏。唉……如今年纪大了，记性也越来越差了！"他的话音刚落，大伙便七嘴八舌地说开了。

出去旅游最重要的一点就是，要开心快乐，放下所有的心事回归到大自然中，欣赏美景、开阔眼界。

一证游伦敦

伦敦不仅是一座美丽的城市，还是一个绝佳的旅游胜地。

去伦敦之前，有资深驴友建议我办理一张国际学生证(ISIC)可节省很多费用。说实话，起初我十分怀疑国际学生证的作用，在网上查询后发现看似不起眼的卡片，在欧洲尤其是在伦敦十分有用。了解了国际学生证的功能后，我决定也要办一张。我带着自己的学生证(本校的)、一张2寸照片和一张1寸照片到指定地点进行办理，当时办理费用折合人民币为85元，七个工作日便可领取。

事后才发现，拿着这张国际学生证就像拿着记者证一样，在欧洲无论你去哪里旅游，只要一证在手保证你能如鱼得水。购物、住宿、买门票、购买火车票等都可以享受到不同程度的折扣优惠。

带着这张国际学生证我信心十足，在欧洲一路畅游，直到伦敦。

都说伦敦是一个被雾气笼罩的城市，但在我去伦敦的那几天里，天气都很好，云彩低得似乎触手可及。伦敦的建筑、街道、农场等总能给人一种原生态、美轮美奂的感觉。置身其中，仿佛是被嵌入一副水彩画中。看到如此美丽的城市，我决定用脚步来丈量它。

初到伦敦时感觉自己经常会迷路。但是，整座城市透露着和谐的氛围使我并不感到惶恐。穿着旅游鞋，背着轻便的行装，在一种永远不知道下一个路口将会出现怎样的风景的情况下，所有的一切都将会为你带来惊喜。

在走过高大坚固的百年老屋后，我看到一对彩色塔尖耸立在空中，它们似乎在暗示我威斯敏斯特教堂就在前方。

教堂前面卖票窗口排队的人可真不少，游客们一边排队，一边感受着近在眼前的那种恢宏气势。整座建筑既金碧辉煌，又静谧肃穆，其高大古朴、精美细致的石雕以及高耸挺拔的石柱直指苍穹。教堂四周的窗户由彩色玻璃构成，这给以灰色为基调的庄严教堂增添了几分典雅和华丽的情愫。

此时，我身旁的一名导游正在为一个中国旅游团进行讲解："早在 8 世纪这里就有一座修道院。1045 年英格兰国王'忏悔者'爱德华答应教皇去圣地朝圣，后来他却没能实现自己的承诺，为了'赎罪'，他应教皇的要求在此扩建教堂，因此威斯敏斯特教堂的真正名称应该是'圣彼得联合教堂'。1066 年教堂建成后，和修道院一起供天主教本笃会使用。

教堂建成后不久，爱德华就去世了，没有留下王位继承人。他的表弟诺曼底公爵威廉渡海而来，击败贵族推选的国王夺取了英国王位，这就是历史上著名的'诺曼征服'。为了显示自己继承王位的合法性，威廉决定在爱德华扩建的威斯敏斯特教堂加冕。从那以后，几乎所有的英国国王都会在此加冕……”

轮到我买票时，我掏出国际学生证递了过去。年轻漂亮的售票员一边忙乎着给我出票、找零钱，一边和我搭话。她似乎对我这个黄皮肤的人很感兴趣，热情地询问我是来自哪个国家的，以及是否喜欢伦敦等。

我随着人流进入教堂的拱门圆顶，在走过庄严、昏暗的走廊后眼前忽然一亮，沿着华丽的红地毯望去，地毯的尽头就是金碧辉煌的祭坛，这里就是举行王室加冕礼和皇家婚礼的地方了。

教堂的后端则是亨利七世礼拜堂，它建于 16 世纪，是英国中世纪建筑的代表作品，装饰十分华丽，其巨大的扇形垂饰和拱顶设计令人感觉既大气又精巧。

教堂西大门内甬道的正中是著名的无名英雄墓。埋葬着一位一战中牺牲的无名战士，黑色大理石的墓碑上镌刻着那句著名的墓志铭——无名者最有名。

再往前走还有教堂博物馆、圣徒雕塑等主要景点，因为我未吃早餐，此时肚子正反复地向我提出抗议。

无奈之下我只好穿过人群，走了几个街区，终于找到了一家餐馆。

一进餐馆，我就将自己的国际学生证递给了服务人员，并向其询问是否可以给予优惠。

店员热情的告诉我，在此地通常大型的餐厅和旅馆都会给学生提供优惠，即便是没有折扣，只要你能出示国际学生证，许多老板都会给你打折。

这是我伦敦之行，所听到的最好的消息了。

尝试自助游

留学生们虽然课程较少，但是学习任务却十分繁重，平时写作业和复习时间全靠自己来安排。临到假期，留学生们还需忙着打工赚钱。因此，那种长时间背包去旅行的情况，对于没有多少钱的留学生而言，并不是理想的旅游方式。相反，短期自助游或一日游的旅游方式，便成为凡事都需精打细算的中国留学生们的首选。

自助旅游最大的优势在于它不受时间的限制，在制订好计划后，可在任何时间去实现自己的旅游目标。但是，在出行之前一定要考虑到天气因素。

比如去英国游玩时，需了解英国的天气像小孩子的脾气，说变就会变。有很多人兴致勃勃地到了目的地后，天气突变、风雨交加，根本无法进行户外活动，那样会令人十分沮丧。虽然我们无法控制天气变化，但是我们可以通过天气预报，来调整自己的出行时间。

那年暑假，我和两名同学相约周末一起去英格兰的切斯特小镇游玩。在去火车站的路上，天气晴朗、万里无云，当火车出发半个小时后，天空忽然变得阴沉起来，没过多久便下起了大雨，这让我们难以置信英国的天气变化竟然如此之快，更令人沮丧的是雨忽大忽小，竟然持续地下了一整天。若在天气晴朗时，这座小镇一定会让人沉醉于它的美丽景致中。但是面对下雨天，切斯特小镇仿佛是被沉浸在了一片汪洋中。傍晚时分雨还未停，我们决定不再小镇逗留了，因为第二天还要上课，于是我们只好带着遗憾的心情，冒着大雨踏上了归途。

实际上，此次的遗憾完全是能够避免的，因为在我们出发的前一天，天气预报中已报道了周末有雨，而我们却被这几天的好天气给迷惑了，根本就没去关注天气预报，结果影响了我们此次出游的心情。

在利用周末去自助游时，除了要关注天气状况外，还应该制订好出行计划。因为到达目的地后，就有了时间限制，若没有一个详细的旅游计划，必然会抱憾而归。

曾听朋友讲，有个留学生利用周末时间去苏格兰的爱丁堡旅游，由于是第一次去那个城市，对那里也并不熟悉，在参观过苏格兰的爱丁堡城堡后，他又听说威士忌展览展览中心是值得一去的地方，于是他边走边向路人打听，当他费尽周折后来到威士忌展览中心时，惊讶地发现威士忌展览中心竟然和爱丁堡城堡同处一条街，并且两个地方相距并不远。此时他才明白，于是十分后悔自己走了很多冤枉路。

在准备离开爱丁堡时，他在旅游咨询处又意外地发现，除了他参观过的两处景点外，在爱丁堡城堡附近还有很多值得参观的景点。遗憾的是，他在去之前并没有进行很好的规划，并且将大量的时间都浪费在了走重复路上，最后只能悻悻而归。

可见，为了能在有限的时间内尽可能地多游览一些景点，制订一份详细的出游计划就显得十分重要了。因此在出发之前，不妨先联系下旅游目的地的游客信息中心，再根据对方提供的建议，制订一份详细的旅游计划。

欧洲大部分国家的旅游咨询业都十分完善，无论是繁华的大城市，还是地处偏僻的小城镇，都设有游客信息中心。此机构除了能为旅游者提供当地或周边地区主要旅游景点的介绍之外，还能为旅游者提供交通指南及住宿等信息。游客信息中心所提供的服务都是免费的，这对于留学生而言非常便利。

我们可以通过打电话或发邮件的形式，与旅游目的地的游客信息中心取得联系，并请游客信息中心提供旅游目的地的地图、景点介绍、交通指南、旅馆信息等资料。我们可根据获得的资料来选择景点、预估游览时间，这样就能避免出行时在某个景点耽误太长的时间，从而影响整个旅游的进程。如果旅游时间比较充裕不必当天返回，可从旅馆的信息中选择符合自身条件的旅馆居住。

在确定好要去的旅游景点和时间后，还要根据旅游目的地的地图设计一条合理的旅游观光路线，这样就能保证在有限的时间内游览到更多的景点。

假期旅游的失与得

对于留学生来说，暑假不亚于是一个重大的节日。每年当暑假即将来临时，“节日”的气氛就会越来越浓重，同学们都会摩拳擦掌、蓄势待发，只等一声令下，就可以按照自己的计划出行了。

每个假期我都会出去旅游，以丰富自己的人生阅历、开阔自己的眼界。那年的假期旅游我积累了不少的旅游经验，在此愿和大家分享一下自己的心得体会。

去欧洲旅游，乘火车依然是我的首选。但是，途中我却遇到了一件令人不愉快的事情。

我拿着一张欧洲火车通票，踏上了通往丹麦的首都哥本哈根的火车。天黑时由于连续几日的游玩，让我感到十分疲惫，上车放下行李后，仅与邻座的乘客打了个招呼，我便倒头就呼呼大睡起来。

当列车停在一个小站时，我才睁开双眼，朦胧中感觉天快要亮了，邻座的那位乘客已经不见了，我身边坐着的是一位丹麦的小伙子。此时，我下意识地抬头看了看行李架上自己的背包，突然发现装在背包侧面口袋中的相机不见了！于是我一下子清醒了，睡意全无！揉揉眼睛，再次去确认，照相机果然不见了！我一把抓下包，使劲在包里翻找起来，希望自己的相机还在包里面。可是直到我把包翻了个底朝天，都没能发现相机的踪迹！

一定是小偷趁我熟睡后来了个顺手牵羊，偷走了我的相机。

当时的我真是后悔啊！这些天拍的旅游照片全部在相机里，由于自己一时的疏忽，把相机和宝贵的照片全丢了。那架相机，是我用两个月辛苦打工所赚的钱买的。所幸的是，我身上“隐形腰包”里的护照和钱没有被偷走。

此时，身边的丹麦小伙子好心地问我需不需要帮忙。

由于我刚丢了相机心情很不好，瞬间对每个人都有了戒备心，碍于情面我只是向他表示了感谢。

众所周知，大部分丹麦人都是心地善良的。这位小伙子看出了我的不愉快，只是温柔地用中文说：“如果你不介意可以到我家去做客。”

丢相机的事情已经使我成了惊弓之鸟，对这位陌生人的邀请，我更是心存戒备。

但是，我仍旧无法拒绝这位小伙子的热情邀请，在仔细观察了他的行为举止后，我放心了许多，于是我决定去感受一下现代丹麦人的家庭生活。

他提前打电话通知了他的家人。

到他家的时候，一座两层欧式小楼映入我的眼帘，坐北朝南，门前有一大片草地，用栅栏做成的围墙极具美感。

丹麦小伙子的家人都站在门口热情地迎接我，就连他父亲怀中抱着的小孩也朝我不停地招手，表示欢迎。

那一刻，我为之前的戒备心感到了羞愧。

晚餐时那家人为我准备了一大桌丰盛的食物，晚间还嘱咐我要好好休息。

第二天我睡到了自然醒，为了感谢他们一家人的盛情款待，我执意要为他们做几道中国的特色菜。正当我全力以赴地做准备时，那个刚刚学会走路的小妹妹来了，使劲抱着我的腿转圈圈。我转过身来才发现他们一家人都在帮我择菜，还微笑着看着我俩玩耍，此刻让我深深地体会到了家庭的温暖。

吃过午饭后，我依依不舍地告别了这善良的一家人后，再次踏上了新的旅程。

在接下来的旅行中，我对住宿青年旅馆产生了浓厚的兴趣。

欧洲大部分国家的青年旅馆内设施都十分完备，而且价格也相当便宜，通常每日费用仅需十几英镑，这也是留学生们能够接受的价格。另外有的青年旅馆里除了餐厅以外，还配有齐全的厨具，如刀叉、盘子等餐具；有的青年旅馆还会免费提供一些柴米油盐等调味品。在此进行休整时，我仅需根据自己的经济实力买一些菜，做一些自己喜欢吃的食物即可。有时在一起住宿的来自世界各地的旅游者还会互相套近乎，共同分享各自喜爱的食品。因此，我还结识了不少新朋友。

除了住宿以外，青年旅馆还会为旅游者提供很多的便利条件，如提供免费寄存行李的服务，可为旅游者减轻外出游玩时的负担。还有更加人性化的一点是，青年旅馆还会免费为旅游者提供当地著名的旅游景点信息，以及乘车路线等相关的旅游信息，为旅行者提供了很大的帮助。

欧洲各国的青年旅馆都有不同的特色，但是它们有一个共同的特点就是便宜。虽然，无论你去哪个国家旅游，都会有很多类型的饭店和汽车旅馆可供你选择。但是，从省钱的角度来讲，能够预定床位的青年旅馆必然会成为留学生们的不二选择。

那次假期旅游，我虽然丢失了心爱的相机，但是也让我感受到了那个丹麦家庭的热情和人与人之间的真诚，使我更多地了解了青年旅馆的经济性与功能性。

雅典——神话的没落

在飞机上俯瞰雅典机场时，我的精神为之一振，心中默默地说："久违了，雅典！"

这个与中国同样有着悠久历史和灿烂文化的国度，是西方文明的发源地。拥有五千多年建城历史的雅典，历史遗迹丰富。如今的雅典，文化积淀愈加厚重了。

在感慨之余，我从空中看到了地中海独特的地貌特征。在焦黄的土地上到处生长着矮小的"灌木"丛，几棵细长的碧绿的松树长在"灌木"丛中，零零散散好像点缀物一般。若仔细观看便会发现，从机场蜿蜒到市区的公路两边，都生长着这种"灌木"，延绵不绝，让人满眼看到的都是绿色。当飞机飞得更低时，我才发现其实"灌木"并不矮小，那是象征和平的橄榄树。传说雅典娜采下一支橄榄枝，借用波塞冬的水，轻轻朝天空一挥，橄榄树便成了整个雅典的赐物，遍布全城。

下飞机后雅典给我最大的感觉是，天空中的太阳历经漫长的岁月守护着这座古老的城市，似乎也沾染了它的习性，变得温和、典雅，虽光芒四射但并不刺眼。所以你如果惊异于希腊的天空都是蓝白两种颜色，那么到了雅典，你就会惊奇地发现除了国旗和天空是蓝白两色之外，雅典这座古城是以金黄色和橄榄绿为基调的。

我轻轻地迈着脚步，生怕吵醒了这座古城，尽管大街小巷中观光的游客熙熙攘攘、川流不息……

我参照着地图在人流中穿梭着，终于找到了靠近协和广场的一家小旅馆。这是我来雅典之前在网上预订的一家旅馆，位于市中心。该旅馆的房间虽然不大，设备也不算齐全，但是房间打扫得很干净而且价格也十分便宜。我之所以选择这家小旅馆除了费用便宜之外，还有一个主要的原因就是这里交通便利。在协和广场西面不远处有一个长途汽车站，向南沿着街道走十几分钟就能到达卫城，向北只需穿过三个街区就能到达考古学博物馆，在协和广场下面就是地铁 1 号线。

在小旅馆的房间里没呆多长时间，我就向卫城进发了。走到半道时，天空中开始下起了淅淅沥沥的小雨，但并不妨碍我的出行，我还顺道参观了古希腊的市场遗址——阿高拉。

在民主时代，雅典的政治中心正是在此。公元前 399 年，伟大的哲学家苏格拉底，正是在这里遭到奸佞之臣的诬陷并被处以死刑的。我看着市场遗址，心中突然有种难以言表的忧伤，听着耳边这淅沥的小雨声，仿佛正是上苍为这位伟大的哲学家的不幸命运在哭泣……

阿高拉西南方向就是雅典卫城的入口，此处所有的建筑群都是古雅典最鼎盛时期的纪念碑，它真实地见证了古雅典的繁荣与昌盛。除了被称为巴特农的雅典娜神庙之外，还有山门、胜利神庙、埃莱库台伊神庙等建筑。其主要工程是在伯里克利当政时期完成的，并由大雕塑家费地亲自主持卫城的建设。

其中，巴特农神庙堪称古希腊的多立克柱式建筑发展的精品，它坐落于卫城南面，是卫城中的主体建筑，也是保护神的庙宇，还是雅典作为政治、经济、文化中心的标志。

巴特农神庙是古希腊最大的庙宇，它的结构呈长方形，形体简洁、流畅、大方。它的周围是用一圈柱子形成的围廊，刚健雄壮，并融入了爱奥尼柱式的优雅与柔和，它把人体美赋予了建筑，在柱式刻画中，处处彰显着古雅典人文主义的光辉。

然而，随着古希腊的没落，它的风光也随着时间的流逝而消散。人们在内心深处不断滋生的贪欲，轻而易举地将人们对神灵的敬畏转变成了亵渎。卫城先后被拜占庭人、阿拉伯人、土耳其人、威尼斯人所占领，每次占领都要经历一次毁灭性的摧残。特别是在1821—1830年希腊独立战争期间，卫城曾不断遭到炮轰。1827年，土耳其军队几乎要把它夷为平地了。为了希腊独立战争而付出生命的伟大诗人拜伦，在他的名作《恰尔德•哈罗德》中悲怆地写道：“美丽的希腊，一度灿烂之凄凉遗迹！你消失了，然而不朽；倾圮了，然而伟大。”

卫城如今仅存残垣断壁，希腊的古代文明也随之消失在这片废墟之中，然而它却是最好的见证。正是这些残存的建筑，给了我无限遐想的空间，我仿佛从中看到了当年那恢宏的建筑群体。面对它谁又能否认这里曾是古希腊最辉煌的建筑呢？只要满怀崇敬地走上圣坛、合上双眼、张开双臂、静静聆听，耳中仿佛能听到神灵的声音。

准备返回时已是黄昏时分，一抹金色挥洒在卫城的遗址上，仿佛为这位千岁的老人披上了一件金色的盛装。这座承载着雅典古老文明的城市，不时地透出现代气息。现代的雅典人在一片片碧绿的草地上悠闲的散步，孩子们不停的嬉闹玩耍，和平的生活氛围为卫城注入了新的活力。

眼前的情景，让我感到自己仿佛是从古雅典那个动荡的年月中穿越而来，有种恍如隔世的感觉。

如果说是神造就了古代雅典，那么现代的雅典则是人的杰作。

雅典的夜晚灯火阑珊、人潮涌动，满街都是小酒馆和咖啡店，美酒加咖啡对我而言已是难得的享受，若是再摆上几盘开胃小菜，即便是自斟自饮都会迷醉。雅典的城区近几年发展很快，白天看似平静的街巷，却能把积攒了一天的活力都注入夜晚。正是这数量众多的酒吧和餐厅把雅典的夜色装点得格外美丽。享用完美味的夜宵后还可以去酒吧坐坐，倾听希腊最具特色的音乐，在小酌中看着人们翩翩起舞，那才是最完美的生活。

但是，在雅典要特别注意那些过于热情的希腊人。那些希腊人几乎不会说英语，但是他们不管你能否听得懂他们的语言，都会非常热情地先做出“请”的手势，然后连拉带拽地把你领进自己的小酒吧，为你倒酒。

不过本人早已修炼成一只“老鸟”了，没等他倒完酒，我便一个转身就溜之大吉啦。至于倒好的那杯酒就让他自己慢慢享用吧！之所以我要选择“逃离”，是因为当地的那些人是专门负责从街上拉客人的，然后他们再从那近乎天价的酒水中获取一部分回扣。

回到旅馆时已经很晚了，我疲惫地躺在床上，祈祷着明天是个好天气，因为我要去爱琴海一睹那里的美丽景色……

尾声

心得体会

回忆当年留学时的我们，就像受了惊的小鹿一样乱跑乱撞，找不到奋斗的目标。曾经的我们会因为一个英语单词的发音而争得面红耳赤；曾经的我们会因为自己听力不好怕在课堂上听不到老师的点名，而紧张得整堂课都死死地盯住老师的脸，最终却根本没有听进去老师都讲了些什么内容；曾经在那个美丽而温馨的校园里，我们留下过自己傻傻的长长的身影……

转眼在这个既陌生又熟悉的国家，我们已度过了十几个年头，找到了自己的发展方向，有了自己的事业，有了自己的爱人，甚至有些人已成功地创办了自己的企业，并在企业里指挥着老外们为他的事业而打拼，并决定将在这片原本陌生的土地上生根发芽……

在国内时，任何困难似乎都难不倒我们，因为我们占有天时、地利、人和的优势。而当我们身在国外时，却如同身在一场无形的战争中，总是需要不断地奋斗，才能突破重重的障碍。在这场无形的战争中我们是如此的孤立无援，然而阳光总在风雨后，在面对苦难的时候，只要我们利用自身的勇气和智慧去突围，总有一天我们会破茧而出，使自己发展壮大。

如今很多父母为了自己的孩子能出国镀金，几乎要付出他们一辈子的积蓄，目的就是为了能给自己的子女一个光明的前程，一个璀璨的未来。因此，留学生朋友们千万不能轻易地放弃自己的理想，虽然身处国外凡事都要学会自立、自强。起初我们或许会处处碰壁，但是只要坚持不放弃，坚定自己的信念，珍惜父母给予的机会，努力充实自己，不断开阔自己的眼界，相信自己，提升自己，你所付出的一切努力皆有回报！

另外，奉劝即将出国的师弟师妹们，不要以为国外的学校管理制度松，只要随便混混就都能够过关，这样认为你就错了。虽然在国外的大学里没有什么人管你，没有更多的制度和条条框框来约束你，多数情况下都要靠自学、靠自律，但是恰恰因为如此才给我们增加了难度。因为考试中的考题会是你从来没见过的，所以这就要求你能在课本知识以外涉猎得更广，只有掌握的知识更多，才能够通过考试积攒到学分。在没有人管制、没有人提醒甚至没有人引导的情况下，我们的自律能力显得是那么的重要，少一分就会离毕业远一步。

除此之外，认真听课、当堂做笔记、及时交作业以及参加各种实践活动都是十分重要的。在国外的很多大学里，平时作业的评分也会被记入期末的评分。因此，作业内容以及封面设计，只要完成得好都会给老师或教授留下良好的印象，也能因此得到高分。

还有一个小窍门愿意与大家分享：如果你平时的表现都很出色，感觉你的代课老师或评分教授也非常喜欢你，那么你若在过关考试时只差一两分，是可以去向你的导师争取的。只要你的态度诚恳，保证能够在今后的考试中避免出现同样的问题，通常情况下导师都会让你通过的，而你自己也不必因为只差一两分而重修该科目，这样就可避免时间和金钱上的双重浪费了。

当然留学生在自我发展的同时，更要学会保护自身的财产及人身安全，时刻警惕各种聚会和公众场所中出现的不安全因素。如2012年4月11日凌晨，美国南加州大学的两名中国留学生在返回住所的途中遭枪击遇害。时至今日，惨案虽已过去两年，但仍为海外留学生们经常提起的话题。因此，在日常的学习和生活中尽量要低调行事，以免引起居心叵测者挑起事端，给自己造成不必要的伤害。

最后愿所有心怀梦想的师弟、师妹们，学业有成，前程似锦！